中華古籍保護計劃

ZHONG HUA GU JI BAO HU JI HUA CHENG GUO

·成果·

元本孝經注疏

（唐）李隆基 注
（宋）邢昺 疏

國家圖書館出版社

圖書在版編目(CIP)數據

元本孝經注疏 / (唐)李隆基注,(宋)邢昺疏.-- 北京:國家圖書館出版社,2018.9

(國學基本典籍叢刊)

ISBN 978-7-5013-6491-6

Ⅰ.①元… Ⅱ.①李… ②邢… Ⅲ.①家庭道德—中國—古代 ②《孝經》-注釋 Ⅳ.①B823.1

中國版本圖書館 CIP 數據核字(2018)第160701號

書　　名　元本孝經注疏
著　　者　(唐)李隆基　注　(宋)邢昺　疏
責任編輯　靳志雄
封面設計　徐新狀

出　　版　國家圖書館出版社(100034　北京市西城區文津街7號)
(原書目文獻出版社　北京圖書館出版社)
發　　行　010-66114536　66126153　66151313　66175620
66121706(傳真)　66126156(門市部)
E-mail　nlcpress@nlc.cn(郵購)
Website　www.nlcpress.com→投稿中心
經　　銷　新華書店
印　　裝　北京市通州興龍印刷廠
版　　次　2018年9月第1版　2018年9月第1次印刷

開　　本　880×1230(毫米)　1/32
印　　張　4.75

書　　號　ISBN 978-7-5013-6491-6
定　　價　20.00圓

《國學基本典籍叢刊》編委會

《國學基本典籍叢刊》前言

國家圖書館出版社（原書目文獻出版社 北京圖書館出版社）成立三十多年來，出版了大量的中國傳統文化典籍。由於這些典籍的出版往往採用叢書的方式或綫裝形式，供公共圖書館和大學圖書館典藏使用，普通讀者因價格較高、部頭較大，不易購買使用。爲弘揚優秀傳統文化，滿足廣大普通讀者的需求，現將經、史、子、集各部的常用典籍，選擇善本，分輯陸續出版單行本。每書之前均加簡要説明，必要者加編目録和索引，總名《國學基本典籍叢刊》。歡迎讀者提出寶貴意見和建議，以使這項工作逐步完善。

編委會

二〇一六年四月

序言

《孝經注疏》九卷，唐玄宗李隆基注，宋邢昺疏，元泰定三年（一三二六）刻本。框高十九點四厘米，寬十三點三厘米。每半葉十行，行十六字，小字雙行二十三字，細黑口，左右雙邊。

唐玄宗（六八五—七六二）在位時（七一二—七五六），曾召集群儒，重新校訂《孝經》，然意有未盡。開元十年（七二二），唐玄宗又取王肅、劉劭、虞翻等六家説之精要，采摭孔安國、鄭玄舊義，以漢時今文《孝經》爲藍本，加以注解，於天寶二年（七四三）修訂成書，頒行天下及國子學，令士人傳習。天寶四年（七四五）九月，以御製八分書書寫，將《孝經》刻石於太學，此即所謂的《石臺孝經》。

宋至道二年（九九六），詔李沆、杜鎬等校定《周禮》《儀禮》以及《孝經》《論語》正義。咸平三年（一〇〇〇），由祭酒邢昺代領其事，與杜鎬等人奉詔重注《孝經》，以唐玄宗《孝經注》爲藍本，據唐元行沖《孝經疏》加以增損。

邢昺（九三二—一〇一〇）字叔明，曹州濟陰（今山東曹縣西北）人。擢九經及第，遷金部郎中，翰林侍講學士，官終禮部尚書。他不信僞古文，曾奉詔與杜鎬等人校訂三禮三傳、《孝經》《論語》《爾雅》等義疏。其注疏《論語》，闡述心性命理，爲後世理學家所推崇。其《孝經注疏序》云：『解乎注疏，尚以辭高旨遠，後學難盡討論，今特剪截元疏，旁引諸書，分義錯經，會合歸趣，一依講說，次第解釋，號之爲講義也。』宋真宗咸平四年（一〇〇一）此書撰成，并下杭州刊版。

此書初名當爲《孝經正義》，《崇文總目》著録『《孝經正義》三卷，皇朝翰林侍講學士邢昺等撰，初世傳行冲疏外，餘家尚多，皆猥俗褊陋不足行遠。咸平中，詔昺及杜鎬等集諸儒之說而增損焉』。晁公武《郡齋讀書志》、陳振孫《直齋書録解題》二書著録與此相似。此三書對於《孝經正義》著録，均未提及『唐玄宗注』等類似語句，蓋當時經注與疏尚未合刻，《孝經正義》是爲單疏本。

南宋，兩浙東路茶鹽司刊行諸經注疏合刻本，《孝經注疏》未列其中。宋末元初，建陽書坊又刊十行本諸經注疏合刻本，其中列有《孝經注疏》，《孝經注疏》之名蓋始於此。明楊士奇《文淵閣書目》著録『宋儒邢昺等《孝經注疏》一部二册』，而無《孝經正義》。另《皕宋樓藏書志》著録有明宣德刊本《孝經正義》三卷，卷首題名『唐玄宗皇帝御注』及邢昺等奉敕校訂注疏，此《孝經正義》當爲注疏合刻本，與此《孝經注疏》同。名曰『正義』，蓋沿用此書初撰之名。

此本今題『元泰定三年刻本』。按，書中『匡』『恒』『慎』等字減末筆之處甚多，如卷一『義取恒念』，卷三『謹慎其身』，卷八『修身慎行』『匡救其惡』等，宋人刻書之迹甚多，故前人多定爲宋本，本書封面光緒十三年（一八八七）嚴群題簽亦曰『南宋閩刊十行本孝經』。然此書卷首《御製序》第二葉、《孝經序》第一葉版心分別有『泰定丙寅英玉』『泰定三年程瑞卿』等字樣，以此推知此本當是南宋書版傳至元代，元人於泰定三年（一三二六）據之修補重印者，故其版本應爲南宋刻元泰定三年遞修本。

此本陸、丁、瞿、楊、張諸家藏書目均無著録，據《中國古籍善本書目》記載，此書是見存最早的《孝經》注疏合刻本，且保存了其初刻的面貌，甚爲珍貴。

此書曾爲清末藏書家李盛鐸木犀軒舊藏，書中鈐有『李盛鐸印』『木齋』等藏書印可證。

李紅英

二〇一八年五月

目録

據國家圖書館藏元泰定三年（一三二六）刻本影印原書版框高十九點四厘米寬十三點三厘米

南宋閩刊十行本孝經
丁亥閏二月中浣
嚴羣

孝經註疏序

孝經者百行之宗五教之要自昔孔
子述作垂範將來奥旨微言已備解
乎註疏尚以辭高旨遠後學難盡討
論今特翦截元疏旁引諸書分義錯
經會合歸趣一依講説次第解釋號
之爲講義也

翰林侍講學士朝請大夫守國子祭酒上柱國賜紫金
魚袋臣邢昺等奉敕校定註疏

成都府學主鄉貢傅注奉右撰

夫孝經者孔子之所述作也述作之旨者昔聖人藴大聖德生不偶時適值周室衰微王綱失墜君臣僭亂禮樂崩頽居上位者賞罰不行居下位者褒貶無作孔子遂乃定禮樂刪詩書讃易道以明道德仁義之源修春秋以正君臣父子之法又慮雖知其法未知其行遂說孝經一十八章以明君臣父子之行所寄知其法者修其行知其行者謹其法故孝經緯曰孔子云欲觀我褒貶諸侯之志在春秋崇人倫之行

在孝經是知孝經雖居六籍之外乃與春
秋爲表矣先儒或云夫子爲曾參所說此
未盡其指歸也蓋曾子在七十弟子中孝
行最著孔子乃假立曾子爲請益問荅之
人以廣明孝道既說之後乃屬與曾子洎
遭暴秦焚書並爲煨燼漢膺天命復闡微
言孝經河間顏芝所藏因始傳之于世自
西漢及魏歷晉宋齊梁註解之者迨及百
家至有唐之初雖備存祕府而簡編多有
殘缺傳行者唯孔安國鄭康成兩家之註

并有梁博士皇侃義䟽播於國庠然辭多
紕繆理昧精研至唐玄宗朝乃詔羣儒學
官俾其集議是以劉子玄辨鄭註有十謬
七惑司馬堅斥孔註多鄙俚不經其餘諸
家註解皆榮華其言妄生穿鑿明皇遂於
先儒註中採摭菁英芟去煩亂撮其義理
允當者用為註解至天寶二年註成頒行
天下仍自八分
御扎勒于石碑即今京兆石臺孝經是也

孝經正義

翰林侍講學士朝請大夫守國子祭酒上柱國賜紫金魚袋臣邢昺等奉勑校定

御製序并註（疏）

正義曰孝經者孔子爲曾參陳孝道也漢初長孫氏博士江翁少府后倉諫大夫翼奉安昌侯張禹傳之名自名家經文皆同唯孔氏壁中古文爲異至劉炫遂以古孝經庶人章分爲二曾子敢問章分爲三又多閨門一章凡二十二章桓譚新論云古孝經千八百七十二字今異者四百餘字孝者事親之名經者常行之典按漢書藝文志云夫孝天之經地之義民之行也舉大者言故曰孝經又按禮記祭統云孝者畜也畜養也釋名云孝好也周書謚法至順曰孝揔而言之道常在心盡其色養中情悅好承順無怠之義也爾雅曰善父母爲孝皇侃曰經者常也法也此經爲教任重道遠雖復時移代革金石可消而爲孝事親常行存世不滅是其常也爲百代規模人生所資是其法也言孝之爲教使可常而法之易有上經下經老子有道經德經孝爲百行之本故名曰孝經經之創制

孔子所撰也前賢以爲曾參雖有至孝之性未達孝德之本偶於閒居因得侍坐參起問於夫子夫子隨而荅參是以集録因名爲孝經尋繹再三將未爲得也何者夫子刋緝前史而修春秋猶云筆則筆削則削四科十哲莫敢措辭按鉤命决云孔子曰吾志在春秋行在孝經斯則脩春秋撰孝經孔子之志行也何爲重其志而自筆削輕其行而假他人者乎按劉炫述義其略曰炫謂孔子自作孝經本非曾參請業而對也士有百行以孝爲本本立而後道行道行而後業就故曰明王之以孝治天下也然則治世之要孰能非乎徒以教化之道因時立稱經典之目隨事表名至使威儀禮節之餘盛傳當代孝悌德行之本隱而不彰夫子運偶陵遲禮樂崩壞名教將絶特感聖心因弟子有請問之道師儒有教誨之義故假曾子之言以爲對揚之體乃非曾子實有問也若疑而始問荅以申辭則曾子應每章一問仲尼應每問一荅按經夫子先自言之非參請也諸章以次演之非待也且辭義血脉文連旨環而開宗題其端緒餘章廣而成之非一問一荅之勢也理有所極方始發問又非請業請荅之事首章言先王有至德要道則下章云此之謂要道也非至德其孰能順民皆遥結道本荅曾子也擧此爲例凡有數科必其王爲曾子言首章荅曾子已了何由不待曾子問更自述而脩之

且三起曾參侍坐與之別二：者是問也一者歎之也故假言
乘間曾子坐也與之論孝開宗明義上陳天子下陳庶人語
盡無更端於曾子未有請故假參歎孝之大又說以孝爲理
之功說之以終欲言其聖道莫大於孝又假參問乃說聖人
之德不加於孝在前論敬順之道未有規諫之事慇懃在悅
色不可頓說犯顏故須更借曾子言陳諫爭之義此皆孔子
須參問非參須問孔子也莊周之斥鷃笑鵬罔兩問影屈原
之漁父鼓枻大卜拂龜馬卿之烏有無是楊雄之翰林子墨
寧非師祖製作以爲楷模者乎若依鄭註實居講堂則廣延
生徒侍坐非一夫子豈凌人侮衆獨與參言耶且云汝知之
乎何必直汝曾子而參先避席乎必其徧告諸生又有對者
當參不讓儕輩而獨荅乎假使獨與參言畢參自集錄豈
宜稱師字者乎由斯言之經教發極夫子所撰也而漢書藝
文志云孝經者孔子爲曾子陳孝道也謂其爲曾子特說此
經然則聖人之有述作豈爲一人而已斯皆誤本其文致茲
乖謬也所以先儒註解多所未行唯鄭玄之六藝論曰孔子
以六藝題目不同指意殊別恐道離散後世莫知根源故作
孝經以總會之其言雖則不然其意頗近之矣然入室之徒
不獨假曾子爲言以參偏得孝名也老子曰六親不和有孝
慈然則孝慈之名因不和而有若萬行俱備稱爲人聖則凡

聖無不孝也而家有三惡舜稱大孝龍逄比干忠名獨彰君
不明也孝以伯奇之名偏著母不慈也曾子性雖至孝蓋有
由而發矣藜蒸不熟而出其妻家法嚴也耘瓜傷苗幾殞其
命明父少恩也曾子孝名之大其或由玆固非參性遲朴躬
行匹夫之孝也審攷經言詳稽炫釋貴藏理於古而獨得之
於今者與元氏雖同炫說恐未盡善今以藝文志及鄭氏所
說為得其作經年先儒以為魯哀公十四年西狩獲麟而作
春秋至十六年夏四月己丑孔子卒為證則作在魯哀公十
四年後十六年前案鉤命決云孔子曰吾志在春秋行在孝
經據先後言之明孝經之文同春秋作也又鉤命決云孔子
曰春秋屬商孝經屬參則孝經之作在春秋後也○御者按
大戴禮盛德篇云德法者御民之本也古之御政以治天下
者冢宰之官以成道司徒之官以成德宗伯之官以成仁司
馬之官以成聖司寇之官以成義司空之官以成禮故六官
以為轡司會均入以為軜故曰御四馬者執六轡御天地與
人與事者亦有六政是故善御者正身同轡均馬力齊馬心
唯其所引而之以取長道遠行可以之急疾可以御天地與
人事此四者聖人之所乘也是故天子御者內史太史左右
手也六官亦六轡也天子三公合以執六官均五政齊五法
以御四者故亦唯其所引而之以之道則國治以之德則國

安以之仁則國和以之聖則國平以之義則國成以之禮則國定此御政之體也然則御者治天下之名若宗鑾之御則馬也家語亦有此文是以秦漢以來以御爲至尊之稱又蔡邕獨斷曰御者進也凡衣服加於身飲食入於口妃妾接於寢皆曰御至於器物製作亦皆以御言之故此云御也。製者裁剪述作之謂也故左傳曰子有美錦不使人學製焉取此美名故人之文章述作皆謂之製以此序唐玄宗所撰故云御製也玄宗唐弟六帝也諱隆基睿宗之子以延和元年即位時年三十三在位四十五年年七十八登遐謚曰孝皇帝廟號玄宗開元十年製經序并注序者按詩頌云繼序思不忘毛傳云序緒也又釋詁云叙緒也是序與叙音義同郭璞云又爲端緒然則此言序者舉一經之端緒耳并註者并兼也註著也解釋經指使義理著明也言非但製序兼亦作註故云并也案今俗所行孝經題曰鄭氏註近古皆謂康成而晉魏之朝無有此說晉穆帝永和十一年及孝武太元元年再聚羣臣共論經義有荀昶者撰集孝經諸說始以鄭氏爲宗晉末以來多有異論陸澄以爲非玄所註請不藏於祕省王儉不依其請遂得見傳至魏齊則立學官著作律令蓋由虜俗無識故致斯訛舛然則經非鄭玄所註其驗有十二焉據鄭自序云遭黨錮之事逃難至黨錮事解註古文

尚書毛詩論語爲袁譚所逼來至元城乃註周易都無註孝
經之文其驗一也鄭君卒後其弟子追論師所註述及應對
時人謂之鄭志其言鄭所註者唯有毛詩三禮尚書周易都
不言註孝經其驗二也又鄭志目録記鄭之所註五經之外
有中候大傳七政論乾象曆六藝論毛詩譜荅臨碩難禮許
愼異議釋廢疾發墨守箴膏肓荅甄守然等書寸紙片言莫
不悉載若有孝經之註無容匿而不言其驗三也鄭之弟子
分授門徒各述所言更爲問荅編録其語謂之鄭記唯載禮
易論語其言不及孝經其驗四也趙商作鄭玄碑銘具載諸
所註箋驗論亦不言註孝經晉中經薄周易尚書中候尚書
大傳毛詩周禮儀禮禮記論語凡九書皆云鄭氏註名玄至
於孝經則稱鄭氏解無名玄二字其驗五也春秋緯演孔圖
註云康成註三禮詩易尚書論語其春秋孝經則有評論宋
均詩譜序云我先師北海鄭司農則均是玄之傳業弟子師
有註述無容不知而云春秋孝經唯有評論非玄所註時明
其驗六也又宋均孝經緯註引鄭六藝論敘孝經云玄又爲
之註司農論如是而均無聞焉有義無辭令予昏惑舉鄭之
語而云無聞其驗七也宋均春秋緯註云爲春秋孝經略說
則非註之謂所言又爲之註者汎辭耳非事實其敘春秋亦
云玄又爲之註寧可復責以實註春秋乎其驗八也後漢史

書存於代者有謝承薛瑩司馬彪袁山松等其所註皆無孝
經唯范曄書有孝經其驗九也王肅孝經傳首有司馬宣王
奉詔令諸儒註述孝經以肅說爲長若先有鄭註亦應言及
而不言鄭其驗十也王肅註書好發鄭短凡有小失皆在聖
證若孝經此註亦出鄭氏被肅攻擊最應煩多而肅無言其
驗十一也魏晉朝賢辯論時事鄭氏諸註無不撮引未有一
言孝經註者其驗十二也以此證驗易爲討覈而代之學者
不覺其非乘後謬說競相推舉諸解不立學官此註獨行於
世觀言語鄙陋義理乖謬固不可示彼後來傳諸不朽至古
文孝經孔傳本出孔氏壁中語其詳正無俟商推而曠代亡
逸不被流行隋開皇十四年秘書學生王逸於京市陳人處
買得一本送與著作王劭以示河間劉炫仍令校定而此書
更無兼本難可依憑炫輒以所見率意刊改因著古文孝經
稽疑一篇故開元七年勑議之際劉子玄等議以爲孔鄭二
家雲泥致隔今綸旨煥發校其短長必謂行孔廢鄭於義爲
允國子博士司馬貞議曰今文孝經是漢河間王所得顏芝
本至劉向以此參校古文省除繁惑定此一十八章其註相
承云是鄭玄所作而鄭志及目録等不載故往賢共疑焉唯
荀昶范曄以爲鄭注故昶集解孝經具載此註爲優且其註
縱非鄭玄而義旨敷暢將爲得所雖數處小有非穩實亦未

孝經自其古文二十二章無出孔壁先是安國作傳緣遭巫
蠱未之行也爾集注之時尚未見孔傳中朝遂亡其本近儒
欲崇古學妄作傳學假稱孔氏輒穿鑿改更又僞作閨門一
章劉炫詭隨妄稱其善且閨門之義近俗之語必非宣尼正
説案其文云閨門之内具禮矣嚴親嚴兄妻子臣妾繇百姓
徒役也是比妻子於徒役文句凡鄙不合經典又分庶人章
從故自天子已下别爲一章仍加子曰二字然故者建下之
辭既是章首不合言故是古人既没後人妄開此等數章以
應二十二之數非但經久不真抑亦傳文淺僞又注用天之
道分地之利其略曰脱之應功暴其肌體朝暮從事露髮徒
足少而習之其心安焉此語雖旁出諸子而引之爲注何言
之鄙俚乎與鄭氏所云分别五土視其高下高田宜黍稷下
田宜稻麥優劣懸殊曾何等級今議者欲取近儒詭説而廢
鄭注理實未可請准令式孝經鄭注與孔傳依舊俱行詔鄭
注仍舊行用孔傳亦存是時蘇宋文吏拘於流俗不能發明
古義奏議排子玄令諸儒對定司馬貞與學生郗常等十人
盡非子玄卒從諸儒之説至十年
上自注孝經頒于天下卒以十八章爲定

孝經正義終

孝經序

朕聞上古其風朴略（疏）朕聞上古至德之本歟正義曰自此以下至於序末凡有五段明義當段自解其指於此不復繁文今此初段序孝之所起及可以教人而爲德本也　朕者我也古者尊卑皆稱之故帝舜命禹曰朕志先定禹曰朕德罔克皐陶曰朕言惠可底行又屈原亦云朕皇考曰伯庸是由古人質故君臣共稱至秦始皇二十六年始定爲天子之稱聞者目之不覩耳之所傳曰聞上古者經典所說不同案禮運鄭玄註云中古未有釜甑則謂神農爲中古若易曆三古則伏犧爲上古文王爲中古孔子爲下古若三王對五帝則五帝亦爲上古故士冠記云大古冠布下云三王共皮弁則大古五帝時也大古亦上古也以其文各有所對故上古中古不同也此云上古者亦謂五帝以上也知者以下云及乎仁義既有以禮運及老子言之仁義之盛在三王之世則此上古自然當五帝以上也云其風朴略者風教也朴質也略踈也言上古之君貴尚道德其於教化則質朴踈略也

雖因心之孝已萌而資敬之禮猶簡（疏）正義曰因猶親也資猶取

也言上古之人有自然親愛父母之心如此之孝雖已萌兆而取其恭敬之禮節猶尚簡少也周禮大司徒教六行云孝友睦姻任恤註云因親於外親是因得爲親也詩大雅皇矣云維此王季因心則友士章云資於事父以事君而敬同此其所出之文也故引以爲序耳

及乎仁義既有親譽益著

疏 正義曰及乎者語之發端連上逮下之辭也仁者兼愛之名義者裁非之謂仁義既有謂三王時也案曲禮云太上貴德鄭註云大古帝皇之世又禮運云大道之行也鄭註云大道謂五帝時老子德經云失道而後德失德而後仁失仁而後義是道德當三皇五帝時則仁義當三王之時可知也慈愛之心曰親聲美之稱曰譽謂三王之世天下爲家各親其親各子其子親譽之道日益著見故曰親譽益著也

聖人知孝之可以教人也

疏 正義曰聖人謂以孝治天下之明王也孝爲百行之本至道之極故經文云聖人之德又何以加於孝乎

故因嚴以教敬因親以教愛

疏 正義曰引下經文以證義也

於是以順移忠之道昭矣立身揚名之義彰矣

疏 正義曰經云君子之事親孝故忠可移於君又曰立身行道揚名於後世言人事兄能悌以之事長則爲順事親能孝移之事君則爲忠然後立身揚名傳於後世也昭彰皆明也

子曰吾志在春秋行在孝經

疏 正義曰此鉤命決文也言褒貶諸侯善惡志在於春秋人倫尊卑之行在於孝經也

是知孝者德之本歟

疏 正義曰論語云孝弟也者其爲仁之本歟今言孝者德之本歟歟者嘆美之辭舉其大者而言故但云孝德則行之揔名故變仁言德也

經曰昔者明王之以孝理天下也不敢遺小國之臣而況於公侯伯子男乎

疏 經曰至刑於四海 正義曰此第二段序已仰慕先世明王欲以愽愛廣敬之道被四海也。經曰至男乎 此孝治章文也故言經曰言小國之臣尚不敢遺棄何況於五等列爵之君乎公侯百子男五等之爵也白虎通曰公者通也公正無私之意也春秋傳曰王者之後稱公侯者候也候順逆也伯者長也爲一國之長也子者字也常行字愛於人也男者任也常任王事也王制云公侯地方百里伯七十里子男五十里至於周公時增地益廣加賜諸侯之地公五百里侯四百里伯三百里子二百里男一百里公爲上等侯伯爲中等子男爲下等言小國之臣謂子男之臣也朕嘗三復斯言景行先哲〔疏〕正義曰復猶覆也斯此也景明也哲智也言每讀經至此科三度反覆重讀庶幾法則此有明行著先世聖智之明王也論語云南容三復白圭詩云高山仰止景行行止是其類也雖無德教加於百姓〔疏〕正義曰上遜辭也庶幾廣愛形于四海〔疏〕正義曰此上意思行教也庶幾猶幸望既謙言無德教加於百姓唯幸望以廣敬博愛之道著見於四夷也案經作刑刑法也今此作形則形猶見也義得兩通無繁改字四海即四夷也又經別釋嗟乎夫子沒而微言絕異端起而大義乖〔疏〕嗟乎至樞要也正義曰此第三段歎夫子沒後遭世陵遲典籍散亡傳註踳駁所以撮其樞要而自作註也嗟乎上歎辭也夫子孔子也以嘗爲魯大夫故云夫子案史記云孔子生魯國昌平陬邑魯襄公二十二年生年七十三以魯哀公十六年四月己丑卒葬魯城北泗上而微言絕

者藝文志文李奇曰隱微不顯之言也顏師古曰精微要眇
之言耳言夫子沒後妙言咸絕七十子既喪而異端並起大
義悉乖

況泯絕於秦得之者皆煨燼之末（疏）

正義曰泯滅也秦者隴西谷名也在雍州鳥鼠山之東北昔皐陶
之子伯翳佐禹治水有功舜命作虞賜姓曰嬴其末孫非子
爲周孝王養馬於汧渭之間封爲附庸邑于秦谷及非子之
曾孫秦仲周宣王又命爲大夫仲之孫襄公討西戎救周周
室東遷以岐豐之地賜之始列爲諸侯春秋時稱秦伯至孝
公子惠文君立是爲惠王及莊襄王爲秦質子於趙見呂不
韋姬說而取之生始皇以秦昭王四十八年正月生於邯鄲
及生名爲政姓趙氏年十三莊襄王死政代立爲秦王至二
十六年平定天下號曰始皇帝三十四年置酒咸陽宮博士
齊人淳于越進曰臣聞殷周之王千餘歲封子弟立功臣自
爲枝輔今陛下有海內而子弟爲匹夫卒有田常六卿之臣
無輔拂何以相救哉丞相李斯曰五帝不相復三代不相襲
非其相反時變異也今陛下創大業建萬世之功固非愚儒
之所知臣請史官非秦記皆燒之非博士官所職天下敢有
藏詩書百家語者悉詣守尉雜燒之制曰可三十五年以爲
諸生誹謗乃自除犯禁者四百六十餘人皆阬之咸陽是經

籍之道滅絕於秦說文云煨盆火也燼火餘也言遭秦焚阬之後典籍滅亡雖僅有存者皆火餘之微末耳若伏勝尚書顏貞孝經之類是也

濫觴於漢傳之者皆糟粕之餘(疏)正義曰案家語孔子謂子路曰夫江始於岷山其源可以濫觴及其至江津也不舫舟不避風雨不可以涉王肅曰觴所以盛酒者言其微也又文選郭景純江賦曰惟岷山之導江初發源乎濫觴臣翰註云濫謂汎濫小流貌觴酒醆也謂發源小如一醆漢者巴蜀之閒地名也二世元年諸侯叛秦沛人共立劉季以爲沛公二年八月入秦秦相趙高殺二世立二世兄子子嬰冬十月爲漢元年子嬰二年春正月項羽尊楚懷王爲義帝羽自立爲西楚霸王更立沛公爲漢王王巴蜀漢中四十一縣都南鄭五年破項羽斬之六年一月即皇帝位于汜水之陽遂取漢爲天下號若商周然也漢興改秦之政大收篇籍言從始皇焚燒之後至漢氏尊學初除挾書之律有河間人顏貞出其父芝所藏凡一十八章以相傳授言其至少故云濫觴於漢也其後寖盛則如江矣釋名云酒滓曰糟浮米曰粕皆以濫觴況其少因取糟粕比其微言醇粹既盡但餘此糟粕耳

故魯史春秋學開五傳(疏)正義曰故者因上起下之

語夫子約魯史春秋弟子開五傳者謂各專己學以相教授故經作傳凡有五家開門則分也五傳者案漢書藝文志云左氏傳三十卷左丘明魯太史也公羊傳十一卷公羊子齊人名高受經於子夏穀梁傳十一卷名赤魯人糜信云與秦孝公同時七錄云名俶字元始風俗通云子夏門人鄒氏傳十一卷漢書云王吉善鄒氏春秋夾氏傳十一卷有錄無書其鄒夾二家鄒氏無師夾氏未有書故不顯于世蓋王莽亂時亡失耳**國風雅頌分為四詩**（疏）正義曰詩有國風小雅大雅周頌魯頌商頌故曰國風雅頌四詩者毛詩韓詩齊詩魯詩也毛詩自夫子授卜商傳至大毛公名亨小毛公授毛萇趙人為河間獻王博士先有子夏詩傳一卷萇各置其篇端存其作者至後漢大司農鄭玄為之箋是曰毛詩韓詩者漢文帝時博士燕人韓嬰所傳武帝時與董仲舒論於上前仲舒不能難至晉無人傳習是曰韓詩齊詩者漢景帝時博士清河太傅轅固生所傳號齊詩傳夏侯始昌昌授后蒼翼門人尤盛後漢陳元方亦傳之至西晉亡是曰齊詩魯詩者漢武帝時魯人申公所述以經為訓詁教之無傳疑者則闕號為魯詩**去聖逾遠源流益別**（疏）正義曰逾越也百川之本曰源水行曰流增多曰益言秦漢而下上

去孔子聖越遠孝經本是一源諸家增益别爲衆流謂其文不同也 近觀孝經舊註踳

駁尤甚（疏）正義曰孝經今文稱鄭玄註古文稱孔安國註[illegible]儒詳之皆非眞實而學者互相宗尚踳

乖也駁錯也尤過也今言觀此二註乖錯過甚故言踳駁尤甚也 至於跡相祖述殆且

百家（疏）正義曰至於者語更端之辭也跡蹤跡也祖始也因而明之曰述言學者蹤跡相尋以在前者

爲始後人從而述脩之若仲尼祖述堯舜之爲也殆近也言近且百家目其多也案其人今文則有魏王肅蘇林何晏劉

邵吳韋昭謝萬徐整晉袁宏虞槃佑東晉楊泓殷仲文車胤孫氏庾氏荀昶孔光何承天釋慧琳齊王玄載明僧紹及漢

之長孫氏江翁翼奉后蒼張禹鄭衆鄭玄所說各擅爲一家也其梁皇侃撰義疏三卷梁武帝作講疏賀瑒嚴植之劉貞

簡明山賓咸有說隋有鉅鹿魏眞克者亦爲之訓註其古文出自孔氏壞壁本是孔安國作傳會巫蠱事其本云失至隋

王邵所得以送劉炫炫叙其得喪述其義疏議之劉緯亦作疏與鄭義俱行又馬融亦作古文孝經傳而世不傳此皆祖

述名家者也 業擅專門猶將十室（疏）正義曰上言百家者大略皆祖述而

已其於傳守已業專門命氏者尚自將近十室室則家也爾雅釋宮云宮謂之室室謂之宮其內謂之家但與上百家變文耳故言十室其十室之名亭不指摘不可強言蓋右蒼蒼張禹鄭玄王肅之徒也希升堂者必

自開戶牖（疏）正義曰希望也論語云子曰由也升堂矣未入於室夫子言仲由升我堂矣未入於室耳今祖述孝經之人望升夫子之堂者既不得其門而入必自擅開門戶牖矣言其妄爲穿鑿也攀

逸駕者必騁殊軌轍（疏）正義曰攀引也逸駕謂奔逸之車駕也案莊子顏淵問於仲尼曰夫子步亦步夫子趨亦趨夫子馳亦馳夫子奔逸絕塵而回瞠若乎後耳言夫子之道神速不可及也今祖述孝經之人欲仰慕攀引夫子奔逸之駕者既不得直道而行必馳騁於殊異之軌轍矣言其不知道之無從也兩轍之間曰軌車輪所轢曰轍

是以道隱小成言隱浮偽（疏）正義曰道者聖人之大道也隱蔽也小成謂小道而有成德者也言者夫子之至言也浮偽謂浮華詭辯也言此穿鑿馳騁之徒唯行小道華辯致使大道至言皆爲隱蔽其實則不可隱故莊子內篇齊物論云道惡乎隱而有眞偽言惡乎隱而有是非道惡

乎往而不存言惡乎存而不可道隱於小成言隱於榮華此文與彼同唯榮華作僞耳大意則不異也

且傳以通經爲義義以必當爲主（疏）正義曰且者語辭傳者註解之別名傳釋經意傳示後人則謂之傳註者著也約文敷暢使經義著明則謂之註作得自題不爲義例或曰前漢以前名傳後漢以來名註蓋亦不然何則馬融亦謂之傳知或說非也此言傳註解釋則以通暢經指爲義義之裁斷則以必然當理爲主也

至當歸一精義無二（疏）正義曰至極之當必歸於一精妙之義焉有二三將言諸家不同宜會合之也

安得不翦其繁蕪而撮其樞要也（疏）正義曰安何也諸家之說既互有得失何得不翦截繁多蕪穢而撮取其樞機要道也

韋昭王肅先儒之領袖虞翻劉邵抑又次焉（疏）正義曰自此至有補將來爲第四段序作註之意與六家異同會五經旨趣敷暢經義望益將來也吳志曰韋曜字弘嗣吳郡雲陽人本名昭避晉文帝諱改名曜事吳至中書僕射侍中領左國史封高陵亭侯魏志曰王肅字子雍王朗之子

仕魏歷散騎黃門侍郎散騎常侍兼太常吳志虞翻字仲翔會稽餘姚人漢末舉茂才曹公辟不就仕吳以儒學聞爲老子論語國語訓註傳於世魏志劉邵字孔才廣平邯鄲人仕魏歷散騎常侍賜爵關内侯著人物志百篇此指言卑上所學在先儒之中如衣之有領袖也虞劉二家亞次之抑語辭也

劉炫明安國之本陸澄譏康成之註（疏）

正義曰隋書云劉炫字光伯河間景城人炫左畫方右畫圓口誦目數耳聽五事並舉無所遺失仕後周直門下省竟不得官縣司責其賦役炫自陳於内史乞送吏部吏部尚書韋世康問其所能炫自爲狀曰周禮禮記毛詩尚書公羊左傳孝經論語孔鄭王何服杜等註凡十三家雖義有精麤並堪講授周易儀禮穀梁用功頗少子史文集嘉言美事咸誦於心天文律歷窮覈微妙公私文翰未嘗假手吏部竟不詳試除殿内將軍仕隋歷太學博士罷歸河間賊中餓死謚宣德先生初炫既得王邵所送古文孔安國註本遂著古文稽疑以明之蕭子顯齊書曰陸澄字彦淵吳郡吳人也少學博覽無不知起家仕宋至齊歷國子祭酒光禄大夫初澄以晉荀昶所學爲非鄭玄所註請文藏秘書王儉違其議

在理或當何必求人（疏）

正義曰言

但在注釋之理允當不必譏非其人也求猶責也 今故特舉六家之異同會五經之旨趣（疏）正義曰六家即韋昭王肅虞翻劉邵劉炫陸澄也言舉此六家而又會合諸經之旨趣耳 約文敷暢義則昭然（疏）正義曰約省也敷布也暢通也言作註之體直約省其文不假繁多能徧布通暢經義使之昭明也然辭也 分註錯經理亦條貫（疏）正義曰謂分其註解間錯經文也經註雖然分錯其理亦不相亂而有條有貫也書曰若網在綱有條而不紊論語子曰參乎吾道一以貫之是條之理也 寫之琬琰庶有補於將來（疏）正義曰案考工記玉人職云琬圭九寸而繅以象德註云琬猶圜也王使之瑞節也諸侯有德王命賜之使者執琬圭以致命焉繅藉也又云琰圭九寸判規以除慝以易行註云凡圭琰上寸半琰圭琰半以上又半為瑑飾諸侯有為不義使者征之執以為瑞節也除慝誅惡逆也易行止繁苛今言以此所註孝經寫之琬圭琰圭之上若簡策之為庶幾有所裨補於將來學者或曰謂刊石也而言寫之琬琰者取其美名耳 且夫子談經志取

垂訓（疏）正義曰自此至序末爲第五段言夫子之經言約意深注繁文不能具載仍作疏義以廣其旨也且夫子所談之經其志但取垂訓後代而已雖五孝之用則別而百行之源不殊（疏）正義曰五孝者天子諸侯卿大夫士庶人五等所行之孝也言此五孝之用雖尊卑不同而孝爲百行之源則其致一也是以一章之中凡有數句一句之内意有兼明（疏）正義曰積句以成章章者明也總義包體所以明情者也句必聯字而言句者局也聯字分強所以局言者也言夫子所脩之經志在殷勤垂訓所以一章之中凡有數句一句之内意有兼明者也若移忠移順博慶廣敬之類皆是具載則文繁略之又義闕（疏）正義曰言作注之體意在約文敷暢後恐太略則大義或闕今存於疏用廣發揮（疏）正義曰此言必順作疏之義也發謂發越揮謂揮散若其註文未備者則具存於疏用此義疏以廣大發越揮散夫子之經旨也

孝經序終

孝經註疏卷第一

開宗明義章第一

疏 正義曰開張也宗本也明顯也義理也言此章開張一經之宗本顯明五孝之義理故曰開宗明義章也第次也一數之始也以此章揔標諸章以次結之故爲第一冠諸章之首焉案孝經遭秦坑焚之後爲河間顏芝所藏初除挾書之律芝子貞始出之長孫氏及江翁后倉翼奉張禹等所說皆十八章及魯恭王壞孔子宅得古文二十二章孔安國作傳劉向校經籍比量二本除其煩惑以十八章爲定而不列名又有荀昶集其録及諸家疏並無章名而援神契自天子至庶人五章唯皇侃標其目而冠於章首今鄭注見章名豈先有改除近人追遠而爲之也御注依古今集詳議儒官連狀題其章名重加商量遂依所請章者明也謂分析科段使理章明說文曰樂歌竟爲一章章字從音從十謂從一至十十數之終諸書言章者蓋因風雅凡有科段皆謂之章焉言天子庶人雖列貴賤而立身行道無限高卑故次首章先陳天子等差其貴賤以至庶人次及三才孝治聖治二章並敘德教之所由生也紀孝行章敘孝子事親爲先與五刑相

因即夫孝始於事親也廣要道章廣揚名章即先王有至德要道揚名於後世也揚名之主因諫爭之臣從諫之君必有應感三章相次不離於揚名事君章即忠於事君也喪親章繼於諸章之末言孝子事親之道紀也皇侃以開宗及紀孝行喪親等三章通於貴賤今案諫爭章大夫已上皆有爭臣而士有爭友父有爭子亦該貴賤則通於貴賤者有四焉

仲尼居 仲尼孔子字居謂閒居 **曾子侍** 曾子孔子弟子侍謂侍坐

（疏）仲尼居曾子侍 正義曰夫子以六經設教隨事表名雖道由孝生而孝綱未舉將欲開明其道垂之來裔以曾參之孝先有重名乃假因閒居爲之陳說自標已字稱仲尼居呼參爲子稱曾子侍建此兩句以起師資問荅之體似若別有承受而記錄之○注仲尼至閒居 正義曰云仲尼孔子字者案家語云孔子父叔梁紇娶顏氏之女徵在徵在既往廟見以夫年長懼不時有男而私禱尼丘山以祈焉孔子故名丘字仲尼夫伯仲者長幼之次也仲尼有兄字伯故曰仲其名則案桓六年左傳申繻曰名有五其三曰以類命爲象杜注云若孔子首象尼丘蓋以孔子生而汙頂象尼丘山故名丘字仲尼而劉瓛述張禹之義以爲仲者中也尼者和也言孔子有中和之德故曰仲尼殷仲文又云夫子深敬孝道故稱表德之字及梁武

帝又以丘爲娶以尼爲和今並不取仲尼之先殷之後也案
史記殷本紀曰帝嚳之子契爲堯司徒有功堯封之於商賜
姓子氏契後世孫湯滅夏而爲天子至湯裔孫有位無道周
武王殺之封其庶兄微子啓於宋案家語又孔子世家皆云
孔子其先宋人也宋閔公有子弗父何長而當立讓其弟厲
公何生宋父周周生世子勝勝生正考父正考父受命爲宋
卿生孔父嘉嘉別爲公族故其後以孔爲氏或以爲用乙配
子或以滴溜穿石其言不經今不取也孔父嘉生木金父木
金父生皐夷父皐夷父生防叔避華氏之禍而奔魯防叔生
伯夏伯夏生叔梁紇紇生孔子也云居謂閒居者古文孝經
云仲尼閒居蓋爲乘閒居而坐與論語云居吾語汝義同而
與下章居則致其敬不同○注曾子至侍坐　正義曰云曾
子孔子弟子者案史記仲尼弟子傳稱曾參南武城人字子
輿少孔子四十六歲孔子以爲能通孝道故授之業作孝經
死於魯故知是仲尼弟子也云侍謂侍坐者言侍孔子而坐
也案古文云曾子侍坐故知侍謂侍坐也卑者在尊側曰侍
故經謂之侍凡侍有坐有立此曾子侍即侍坐也曲禮有侍
坐於侍生侍坐於所尊侍坐於君子據此而言明侍坐於夫
子也

子曰先王有至德要道以順天下民用和

睦上下無怨孝者德之至道之要也言先代聖德之主能順天下人心行此至要之化則上下臣人和睦無怨汝知之乎曾子避席曰參不敏何足以知之參曾子名也禮師有問避席起荅敏達也言參不達何足知此至要之義子曰夫孝德之本也人之行莫大於孝故爲德本教之所由生也言教從孝而生復坐吾語汝曾參起對故使復坐

（疏）子曰至語汝　正義曰子者孔子自謂案公羊傳云子者男子通稱也古者謂師爲子故夫子以子自稱曰者辭也言先代聖帝明王皆行至美之德要約之道以順天下人心而教化之天下之人被服其教用此之故並自相和睦上下尊卑無相怨者參汝能知之乎又假言參聞夫子之說乃避所居之席起而對曰參性不聰敏何足以知先王至德要約之言義既敘曾子不知夫子又爲釋之曰夫孝德行之根本也釋先王有至德要道謂至德要道元出於孝孝爲之本也云教之所生也者此釋以順天下民用和睦上下無怨謂王教由孝而生也孝道深廣非立可終故使復坐吾語汝也

○注孝者至無怨　正義曰云孝者德之至道之要也者依

王肅義德以孝而至道以孝而要是道德不離於孝殷仲文曰窮理之至以一管衆爲要劉炫曰性未達何足知然性未達何足知至要之義者謂自云性不達何足知此先王至德要道之義也○注人之至德本 正義曰此依鄭注引其聖治章文也言孝行最大故爲德之本也德則至德也○注言教從孝而生 正義曰此依韋注也案禮記祭義稱曾子云衆之本教曰孝尚書敬敷五教解者謂教父以義教母以慈教兄以友教弟以恭教子以孝舉此則其餘順人之教皆可知也○注曾參至復坐 正義曰此義已見於上

身體髮膚受之父母不敢毀傷孝之始也 父母全而生之已當全而歸之故不敢毀傷 **立身行道揚名於後世以顯父母孝之終也** 言能立身行此孝道自然名揚後世光顯其親故行孝以不毀爲先揚名爲後

疏 身體至終也 正義曰身謂躬也體謂四支也髮謂毛髮膚謂皮膚禮運曰四體既正膚革充盈詩曰鬒髮如雲此則身體髮膚之謂也言爲人子者常須戒慎戰戰兢兢恐致毀傷此行孝之始也又言孝行非唯不毀而已須成立其身使善名揚於後代以光榮其父母此孝行之終也若行孝道不

至揚名榮親則未得爲立身也○注父母至毀傷　正義曰云父母全而生之已當全而歸之者此依鄭注引祭義樂正子春之言也言子之初生受全體於父母故當常自念慮至死全而歸之若曾子啓手啓足之類是也云故不敢毀傷者毀謂虧辱傷謂損傷故夫子云不虧其體不辱其身可謂全矣及鄭注周禮禁殺戮云見血爲傷是也○注言能至其後　正義曰云言能立身行此孝道者謂人將立其身先須行此孝道也其行孝道之事則下文始於事親中於事君是也云自然名揚後世光榮其親者皇侃云若生能行孝沒而揚名則身有德譽乃能光榮其父母也因引祭義曰孝也者國人稱願然曰幸哉有子如此又引哀公問稱孔子對曰君子也者人之成名也百姓歸之名謂之君子之子是使其親爲君子也此則揚名榮親也云故行孝以不毀爲先者全其身爲孝子之始也云揚名爲後者謂後行孝道爲孝之終也夫不敢毀傷闔棺乃止立身行道弱冠須明經雖言其始終此略示有先後非謂不敢毀傷唯在於始立身獨在於終也明不敢毀傷立身行道從始至末兩行無怠此於次有先後非於事理有終始也

夫孝始於事親中於事君終於立身

言行孝以事親爲始事君爲中忠孝道著乃能揚名榮親故曰

終於立身也

疏 夫孝至立身 ○正義曰夫爲人子者先能全身而後能行其道也夫行道者謂先能事親而後能立其身前言立身末示其跡其跡始者在於內事其親也中者在於出事其主忠孝皆備揚名榮親是終於立身○注言行至身也 ○正義曰云言行孝以事親爲始事君爲中者此釋始於事親中於事君也云忠孝道著乃能揚名榮親故曰終於立身也者此釋終於立身也然能事親事君理兼士庶則終於立身此通貴賤焉鄭玄以爲父母生之是事親爲始四十強而仕是事君爲中七十致仕是立身爲終也者劉炫駮云若以始爲在家終爲致仕則兆庶皆能有始人君所以無終若以年七十者始爲孝終不致仕者皆爲不立則中壽之輩盡曰不終顏子之流亦無所立矣

大雅云無念爾祖聿脩厥德 詩大雅也無念念也聿述也厥其也義取恒念先祖述脩其德

疏 大雅至厥德 ○正義曰夫子叙述立身行道揚名之義既畢乃引大雅文王之詩以結之言凡爲人子孫者常念爾之先祖常述脩其功德也○注詩大至其德 ○正義曰云無念念也聿述也此並毛傳文厥其也釋言文云義取常念先祖述脩其德者此依孔傳也謂述脩先祖之德而行之此經有十一章引詩及書劉炫云夫子叙經申述先王

之道詩書之語事有當其義者則引而證之示言不虛發也七章不引者或事義相違或文勢自足則不引也五經唯傳引詩而禮則雜引詩書及易並意及則引若汎指則云詩曰詩云若指四始之名即云國風大雅小雅魯頌商頌若指篇名即言句曰武曰皆隨所便而引之無定例也鄭注云雅者正也方始發章以正為始亦無取焉

天子章第二

（疏）正義曰前開宗明義章雖通貴賤其跡未著故此已下至於庶人凡有五章謂之五孝各說行孝奉親之事而立教焉天子至尊故標居其首案禮記表記云惟天子受命於天故曰天子白虎通云王者父天母地亦曰天子虞夏以上未有此名殷周以來始謂王者為天子也

子曰愛親者不敢惡於人博愛也敬親者不敢慢於人廣敬也愛敬盡於事親而德教加於百姓刑于四海刑法也君行博愛廣敬之道使人皆不慢惡其親則德教加被天下當為四夷之所

法則也蓋天子之孝也蓋猶略也孝道廣大此略言之疏子曰至孝也正義曰此陳天子之孝也所謂愛親者是天子身行愛敬也不敢惡於人不敢慢於人者是天子施化使天下之人皆行愛敬不敢慢惡於其親也親謂其父母也言天子豈唯因心内恕克己復禮自行愛敬而已亦當設教施令使天下之人不慢惡於其父母如此則至德要道之教加被天下亦當使四海蠻夷慕化而法則之此蓋是天子之行孝也孝經援神契云天子孝曰就言德被天下澤及萬物始終成就榮其祖考也五等之孝惟於天子章稱子曰者皇侃云上陳天子極尊下列庶人極卑尊卑既異恐嫌爲孝之理有别故以一子曰通冠五章明尊卑貴賤有殊而奉親之道無二。注博愛也　正義曰此依魏注也博大也言君愛親又施德教於人使人皆愛其親不敢有惡其父母者是博愛也。注廣敬也　正義曰此依魏注也廣亦大也言君敬親又施德教於人使人皆敬其親不敢有慢其父母者是廣敬也孔傳以人爲天下衆人言君愛敬已親則能推已及物謂有天下者愛敬天下之人有一國者愛敬一國之人也不惡者爲君常思安人爲其興利除害則上下無怨是爲至德也不慢者則曲禮曰毋不敬書曰爲人上者奈何不敬君能不慢於人脩已以安百姓則千萬人悅是爲要道也上施德教人用和睦則分崩離析無由而生也案禮記祭義稱有虞氏貴德而尚齒夏后氏貴爵而尚齒殷人貴富而尚齒周人貴親而尚齒虞夏殷周天下之盛王也未有遺年者年之貴乎天下久矣次乎事親也斯亦不敢慢於人也所以於天子章明愛敬者王肅韋昭云天子居四海之上爲教訓之主爲教易行故寄易行者宣之然愛之與敬解者衆多沈宏云親至結心爲愛崇恪表迹爲敬劉炫云愛惡俱在於心敬慢並見於貌愛者隱惜而結於內敬者嚴肅而形於外皇侃云愛敬各有心迹烝烝至惜是爲愛心溫清搔摩是爲愛迹肅肅悚慄是爲敬心拜伏擎跪是爲敬迹舊說云愛生於真敬起自嚴孝是真性故先愛後敬也舊問曰天子以愛敬爲孝及庶人以躬耕爲孝五者並相通否梁王荅云天子既極愛敬必須五等行之然後乃成庶人雖在躬耕豈不愛敬及不驕不溢已下事邪以此言之五等之孝互相通也然諸侯言保社稷大夫言守宗廟士言保其祿位而守其祭祀以則言之天子當云保其天下庶人當言保其田農此略之不言何也左傳曰天子守在四夷故愛敬盡於事親之下而言德教加於百姓刑于四海保守之理已定不須更言保也庶人用天之道分地之利謹身節用保守田農不離於此既無守任不假言保守也○注刑法至則也

正義曰刑法也釋詁文云君行博愛廣敬之道使人皆不慢惡其親者是天子愛敬盡於事親又施德教使天下之人皆不敢慢惡其親也云則德教加被於天下者釋刑于四海也百姓謂天下之人皆有族姓言百舉其多也尚書云平章百姓則謂百姓爲百官爲下有黎民之文所以百姓非兆庶也此經德教加於百姓則謂天下百姓爲與刑于四海相對四海既是四夷則此百姓自然是天下兆庶也經典通謂四夷爲四海案周禮記爾雅皆言東夷西戎南蠻北狄謂之四夷或云四海故注以四夷釋四海也孫炎曰海者晦暗無知也

○注蓋猶至畧言之　正義曰此依魏注也案孔傳云蓋者辜較之辭劉炫云辜較猶便槩也孝道既廣此纔舉其大略也劉瓛云蓋者不終盡之辭明孝道之廣大此略言之也皇侃云略陳如此未能究竟是也鄭注云蓋者謙辭據此而言蓋非謙也劉炫駁云若以制作須謙則庶人亦當謙矣苟以名位須謙夫子曾爲大夫於士何謙而亦云蓋也斯則卿士以上之言蓋者並非謙辭可知也

甫刑云一人有慶兆民賴之

甫刑即尚書呂刑也一人天子也慶善也十億曰兆義取天子行孝兆人皆賴其善

疏 甫刑至賴之　正義曰夫子述天子之行孝既畢乃引尚書甫刑篇之言以結成其義慶善也

言天子一人有善則天下兆庶皆倚賴之也善則愛敬是也一人有慶結愛敬盡於事親已上也兆民賴之結而德教加於百姓已下也○注甫刑至其善　正義曰云甫刑即尚書呂刑也者尚書有呂刑而無甫刑也案禮記緇衣篇孔子兩引甫刑辭與呂刑無別則孔子之代以甫刑命篇明矣今尚書爲呂刑者孔安國云後爲甫侯故稱甫刑知者以詩大雅嵩高之篇宣王之詩云生甫及申揚之水爲平王之詩不與我戍甫明子孫改封爲甫侯不知因呂國改作甫名不知附封餘國而爲甫號然子孫封甫穆王時未有甫名而稱爲甫刑者後人以子孫之國號名之也猶若叔虞初封於唐子孫封晉而史記稱晉世家也劉炫以爲遭秦焚書各信其學後人不能改正而兩存之也者非也諸章皆引詩此章獨引書者以孔子之言布在方策言必皆引詩書證事示不馮虛說義當詩意則引詩義當易意則引易此章與書意義相契故引爲證也鄭注以書錄王事故證天子之章以爲引類得象然引大雅證大夫引曹風證聖治豈引類得象乎此不取也云一人天子也者依孔傳也舊說天子自稱則言予一人予我也言我雖身處上位猶是人中之一耳與人不異是謙也若臣人稱之則惟言一人言四海之內惟一人乃爲尊稱也天子者帝王之爵猶公侯伯子男五等之稱云慶善也書傳

通也云十億曰兆者古數爲然云義取天子行孝兆人皆賴其善者釋一人有慶兆民賴之也姓言百民稱兆皆舉其多也

孝經註䟽卷第一

小四十八

孝經註疏卷第三

諸侯章第三

疏 正義曰次天子之貴者諸侯也案釋詁云公侯君也不曰諸公者嫌涉天子三公也故以其次稱爲諸侯猶言諸國之君也皇侃云以侯是五等之第二下接伯子男故稱諸侯今不取也

在上不驕高而不危（諸侯列國之君貴在人上可謂高矣而能不驕則免危也）制節謹度滿而不溢（費用約儉謂之制節愼行禮法謂之謹度無禮爲驕奢泰爲溢）高而不危所以長守貴也滿而不溢所以長守富也富貴不離其身然後能保其社稷而和其民人（列國皆有社稷其君主而祭之言富貴常在其身則長爲社稷之主而人自和平也）蓋諸侯之孝也

疏 在上至孝也　正義曰夫子前述天子行孝之事已畢次明諸侯行孝也言諸侯在

一國臣人之上其位高矣高者危懼君能不以貴自驕則雖
處高位終不至於傾危也積一國之賦稅其府庫充滿矣君
制立節限慎守法度則雖充滿而不至盈溢也滿謂充實溢
謂奢侈書稱位不期驕祿不期侈是知貴不與驕期而驕自
至富不與侈期而侈自來言諸侯貴爲一國人主富有一國
之財故宜戒之也又覆述不危不溢之義言居高位而不傾
危所以常守其貴財貨充滿而不盈溢所以長守其富使富
貴長久不去離其身然後乃能安其國之社稷而協和所統
之臣人謂社稷以此安臣人以此和也言此上所陳蓋是諸
侯之行孝也皇侃云民是廣及無知人是稍識仁義即府史
之徒故言民人明遠近皆和悅也援神契云諸侯行孝曰度
言奉天子之法度得不危溢是榮其先祖也　注諸侯至危
也　正義曰云諸侯列國之君者經典皆謂天子之國爲王
國諸侯之國爲列國詩云思皇多士生此王國則天子之國
也左傳魯叔孫豹云我列國也鄭子產云列國一同是諸侯
之國也列國者言其國君皆以爵位尊卑及土地大小而敘
列焉五等皆然　云貴在人上可謂高矣者言諸侯貴在一國
臣人之上其位高也　云而能不驕則免危也者言其爲國以
禮能不陵上慢下則免傾危也○注費用至爲溢　正義曰
云費用約儉謂之制節者此依鄭注釋制節也謂費國之財

以供已用每事儉約不爲華侈則論語道千乘之國云節用
而愛人是也云愼行禮法謂之謹度者此釋謹度也言不可
奢僭當須愼行禮法無所乖越動合典章皇侃云謂宮室車
旗之類皆不奢僭也無禮爲驕奢泰爲溢者皆謂華侈放恣
也前未解驕今於此注與溢相對而釋之言無禮謂陵上慢
下也皇侃云在上不驕以戒貴應云居財不奢以戒富若云
制節謹度以戒富亦應云制節謹身以戒貴此不例者互其
文也但驕由居上故戒貴云在上溢由無節故戒富云制節
也○注列國至平也　正義曰列國已具上釋云皆有社稷
者韓詩外傳云天子大社東方青南方赤西方白北方黑中
央黃土若封四方諸侯各割其方色土苴以白茅而與之諸
侯以此土封之爲社明受於天子也社則土神也經典所論
社稷皆連言之皇侃以爲稷五穀之長亦爲土神據此稷亦
社之類也言諸侯有社稷乃有國無社稷則無國也云其君
主而祭之者案左傳曰君人者社稷是主社稷因地故以列
國言之祭必由君故以其君言之云言富貴常在其身者此
依王注釋富貴不離其身也則長爲社稷之主者釋保其社
稷也云而人自和平也者釋而和其民人也然經上文先貴
後富言因貴而富也下覆之富在貴先者此與易繫辭崇高
莫大乎富貴老子云富貴而驕皆隨便而言之非富合先於

貴也經傳之言社稷多矣案左傳曰共工氏之子曰勾龍爲后土后土爲社有烈山氏之子曰柱爲稷自夏以上祀之周棄亦爲稷自商以來祀之言句龍柱棄配社稷而祭之即勾龍柱棄非社稷也又條牒云稷壇在社西俱北鄉並列同營共門並如條之說

詩云戰戰兢兢如臨深淵如履薄冰戰戰恐懼兢兢戒愼臨深恐墜履薄恐陷義取爲君恒須戒愼

（疏）詩云至薄冰　正義曰夫子述諸侯行孝終畢乃引小雅小旻之詩以結之言諸侯富貴不可驕溢常須戒懼故戰戰兢兢常如臨深履薄也○注戰戰至戒懼　正義曰此依鄭注也案毛詩傳云戰戰恐也兢兢戒也此注恐下加懼戒下加愼足以圓文也云臨深恐墜履薄恐陷者亦毛詩傳文也恐墜謂墜入深淵不可復出恐陷謂沒在冰下不可拯濟也云義取爲君常須戒愼者引詩大意如此

卿大夫章第四

（疏）正義曰次諸侯之貴者即卿大夫焉說文云卿章也白虎通云卿之爲言章也章善明理也大夫之爲言大扶扶進人者也故傳云進賢達能謂之卿大夫王制云上大夫卿也又典命云王之卿六命其大夫四命則爲卿與大夫異

也◯今連言者以其行同也

非先王之法服不敢服服者身之表也先王制五服各有等差言卿大夫遵守禮法不敢僭上偪下非先王之法言不敢道非先王之德行不敢行法言謂禮法之言德行謂道德之行若言非法行非德則虧孝道故不敢也是故非法不言非道不行言必守法行必遵道口無擇言身無擇行言行皆遵法道所以無可擇也言滿天下無口過行滿天下無怨惡禮法之言焉有口過道德之行自無怨惡三者備矣然後能守其宗廟三者服言行也禮卿大夫立三廟以奉先祖言能備此三者則能長守宗廟之祀蓋卿大夫之孝也

（疏）非先王至孝也　正義曰夫子述諸侯行孝之事終畢次明卿大夫之行孝也言大夫委質事君學以從政立朝則接對賓客出聘則將命他邦服飾言行須遵禮典非先王禮法之衣服則

不敢服之於身若非先王禮法之言辭則不敢道之於口若非先王道德之景行亦不敢行之於身就此三事之中言行尤須重慎是故非禮法則不言非道德則不行所以口無可擇之言身無可擇之行也使言滿天下無口過行滿天下無怨惡服飾言行三者無虧然後乃能守其先祖之宗廟蓋是卿大夫之行孝也援神契云卿大夫行孝曰譽蓋以聲譽為義謂言行布滿天下能無怨惡遐邇稱譽是榮親也舊說云天子諸侯各有卿大夫此章既云言行滿於天下又引詩云夙夜匪懈以事一人是舉天子卿大夫也天子卿大夫尚爾則諸侯卿大夫可知也○注服者至偪下 正義曰服者身之表也者此依孔傳也左傳曰衣身之章也彼注云章貴賤言服飾所以章其貴賤章則表之義也云先王制五服各有等差者案尚書皐陶篇曰天命有德五服五章哉孔傳云五服天子諸侯卿大夫士之服也尊卑采章各異是有等差也云言卿大夫遵守禮法不敢僭上偪下者僭上謂服飾過制僭擬於上也偪下謂服飾儉固偪迫於下也卿大夫言必守法行必遵德服飾須合禮度無宜僭偪故劉炫引禮證之曰君子上不僭上下不偪下是也又案尚書益稷篇稱命禹曰予欲觀古人之象日月星辰山龍華蟲作會宗彝藻火粉米黼黻絺繡以五采章施于五色作服汝明孔傳曰天子服日

月而下諸侯自龍衮而下至黼黻七服藻火大夫加粉米上
得兼下下不得僭上此古之天子冕服十二章以日月星辰
及山龍華蟲六章畫於衣衣法於天畫之爲陽也以藻火粉
米黼黻六章繡之於裳裳法於地繡之爲陰也日月星辰取
照臨於下山取興雲致雨龍取變化無窮華蟲謂雉取耿介
藻取文章火取炎上以助其德粉取絜白米取能養黼取斷
割黻取背惡鄉善皆爲百王之明戒以益其德諸侯自龍衮
而下八章也四章畫於衣四章繡於裳大夫藻火粉米四章
也二章畫於衣二章繡於裳孔安國蓋約夏殷章服爲説周
制則天子冕服九章象陽之數極也案鄭注周禮司服稱至
周而以日月星辰畫於旌旗所謂三辰旂旗昭其明也又云
登龍於山登火於宗彝尊其神明也古文以山爲九章之首
火在宗彝之下周制以龍爲九章之首火在宗彝之上是登
龍於山登火於宗彝也又案司服云王祀昊天上帝則服大
裘而冕祀五帝亦如之享先王則衮冕享先公饗射則鷩冕
祀四望山川則毳冕祭社稷五祀則絺冕羣小祀則玄冕而
冕服九章也又案鄭注九章初一曰龍次二曰山次三曰華
蟲次四曰火次五曰宗彝皆畫以爲繢次六曰藻次七曰粉
米次八曰黼次九曰黻皆絺以爲繡則衮之衣五章裳四章
凡九也鷩畫以雉謂華蟲也其衣三章裳四章凡七章毳畫

虎蜼謂宗彝也其衣三章裳二章凡五也絺刺粉米無畫也其衣一章裳二章凡三也玄者衣無文裳刺黻而已是以謂玄焉凡冕服皆玄衣纁裳又案司服公之服自袞冕而下如王之服侯伯之服自鷩冕而下子男之服自毳冕而下卿大夫之服自玄冕而下士之服自皮弁而下如大夫之服則周自公侯伯子男其服之章數又與古之象服差矣○注法言至敢也　正義曰法言謂禮法之言者此則論語云非禮勿言是也云德行謂道德之行者即論語云志於道據於德是也若言非法行非德者即王制云言僞而辯行僞而堅是也云則虧孝道故不敢也者釋所以不敢之意也○注言必至遵道　正義曰此依正義釋非法不言非道不行也○注言之行至擇也　正義曰言不守禮法行不遵道德皆已而法之經言無擇謂令言行無可擇也○注禮法至怨惡　正義曰口有過惡者以言之非禮法行有怨惡者以所行非道德也若言必守法行必遵道則口無過怨惡無從而生○注三者至之祀　正義曰云三者服言行也者此謂法服法言德行也然言之與行君子所最謂出已加人發邇見遠出言不善千里違之其行不善譴辱斯及故首章一敘不毀而再敘立身此章一舉法服而三復言行也則知表身者以言行不虧不毀猶易立身難備也皇侃云初陳教本故舉三事服在身

外可見不假多戒言行出於内府難明必須備言最於後結宜應總言謂人相見先觀容飾次交言辭後謂德行故言三者以服爲先德行爲後也云禮卿大夫立三廟者義見本章云以奉先祖者謂奉事其祖考也云言能備此三者則能長守宗廟之祀者言卿大夫若能備服飾言行故能守宗廟也

詩云夙夜匪懈以事一人

夙早也懈惰也義取爲卿大夫能早夜不惰敬事其君也

㊣疏 詩云云至一人○正義曰夫子既述卿大夫行孝終畢乃引大雅烝民之詩以結之言卿大夫當早起夜寐以事天子不得懈惰匪猶不也○注夙早至君也○正義曰夙早也釋古文懈惰也釋言文云義取爲卿大夫能早夜不惰者引詩大意如此云敬事其君也者釋以事一人不言天子而言君者欲通諸侯卿大夫也

士章第五

疏 正義曰次卿大夫者即士也案說文曰數始於一終於十孔子曰推一合十爲士毛詩傳曰士者事也白虎通曰士者事也任事之稱也故禮辨名記曰士者任事之稱也傳曰通古今辯然不然謂之士

資於事父以事母而愛同資於事父以事君而敬同資取也言愛父與母同敬父與君同故母取其愛而君取其敬兼之者父也言事父兼愛與敬也故以孝事君則忠移事父孝以事於君則爲忠矣以敬事長則順移事兄敬以事於長則爲順矣忠順不失以事其上然後能保其祿位而守其祭祀能盡忠順以事君長則常安祿位永守祭祀蓋士之孝也

疏資於至孝也正義曰夫子述卿大夫行孝之事終次明士之行孝也言士始升公朝離親入仕故此叙事父之愛敬宜均事母與事君以明割恩從義也資者取也取於事父之行以事母則愛父與愛母同敬於事父之行以事君則敬父與敬君同母之於子先取其愛君之於臣先取其敬皆不奪其性也若兼取愛敬者其惟父乎既說愛敬取捨之理遂明出身入仕之行故者連上之辭也謂以事父之孝移事其君則爲忠矣以事兄之敬移事於長則爲順矣長謂公卿大夫言其位長於士也又言事上之

道在於忠忠順二者皆能不失則可事上矣上謂君與長也言以忠順事上然後乃能保其祿秩官位而長守先祖之祭祀蓋士之孝也○援神契云士行孝曰究以明審為義當須能明審資親事君之道是能榮親也白虎通云天子之士獨稱元士蓋士賤不得躰君之尊故加元以別於諸侯之士也此直言士則諸侯之士前言大夫是戒天子之大夫諸侯之大夫可知也　此章戒諸侯之士則天子之士亦可知也○注資取至君同　正義曰云資取也此依孔傳也案鄭注表記考工記並同訓資取也云言愛父與母同敬父與君同者謂事母之愛事君之敬並同於父也然愛之與敬俱出於心君以尊高而敬深母以鞠育而愛厚劉炫曰夫親至則敬不極此情親而恭少尊至則愛不極此心敬而恩殺也故敬極於君愛極於母梁王云天子章陳愛敬以辨化也此章陳愛敬以辨情也○注言事至敬也　正義曰此依王注也劉炫曰母親至而尊不至豈則尊之不極也君尊至而親不至豈則親之不極也惟父既親且尊故曰兼也劉瓛曰父情天屬尊無所屈故愛敬雙極也○注移事至忠矣　正義曰此依鄭注也揚名章云君子之事親孝故忠可移於君是也舊說云入仕本欲安親非貪榮貴也若用安親之心則為忠也若用貪榮之心則非忠也嚴植之曰上云君父敬同則忠孝不得有異

言以至孝之心事君必忠也○注移事至順矣　正義曰此
依鄭注也下章云事兄悌故順可移於長注不言悌而言敬
者順經文也左傳曰兄愛弟敬又曰弟順而敬則知悌之與
敬其義同焉尚書云邦伯師長安國曰衆長公卿也則知大
夫已上皆是士之長○注能盡至祭祀　正義曰謂能盡忠
順以事君長則能保其禄位也禄謂廩食位謂爵位廣雅曰
位涖也涖下爲位王制云上農夫食九人謂諸侯之下士視
上農夫中士倍下士上士倍中士祭者際也人神相接故曰
際也祀者似也謂祀者似將見先人也士亦有廟經不言耳
大夫既言宗廟士可知也士言祭祀則大夫之祭祀亦可知
也皆互以相明也諸侯言保其社稷大夫言守其宗廟士則
保守並言者皇侃云稱保者安鎮也守者無逆也社稷禄位
是公故言保宗廟祭祀是私故言
守也士初得禄位故兩言之也
詩云夙興夜寐無忝爾所生
忝辱也所生謂父母也義取早起夜寐無辱其親也
疏詩云至所生　正義曰夫子
述士行孝畢乃引小雅小宛之詩以證之也言士行孝當早
起夜寐無辱其父母也○注忝辱至親也　正義曰云忝辱
也釋言文所生謂父母也下章云父母生之是也云
義取早起夜寐無辱其親也者亦引詩之大意也

孝經註疏卷第三

庶人章第六

邢昺註疏

（疏）正義曰庶者衆也謂天下衆人也皇侃云不言衆民者兼包府史之屬通謂之庶人也嚴植之以爲士有員位人無限極故士以下皆爲庶人

用天之道 春生夏長秋斂冬藏舉事順時此用天道也 **分地之利** 分別五土視其高下各盡所宜此分地利也 **謹身節用以養父母** 身恭謹則遠恥辱用節省則免飢寒公賦既充則私養不闕 **此庶人之孝也** 庶人爲孝唯此而已

（疏）用天至孝也 正義曰夫子陳述士之行孝已畢次明庶人之行孝也言庶人服田力穡當須用天之四時生成之道也分地五土所宜之利謹慎其身節省其用以供養其父母此則庶人之孝也援神契云庶人行孝曰畜以畜養爲義言能躬耕力農以畜其德而養其親也○註春生至道也 正義曰云春生夏長秋斂冬藏者此依鄭注也爾雅釋天云春爲發生夏爲

長毓秋爲收成冬爲安寧安寧即藏閉之義也云舉事順時
此用天之道也者謂舉農畝之事順四時之氣春生則耕種
夏長則耘苗秋收則穫刈冬藏則入廩也○註分別至利也
正義曰云分別五土視其高下者此依鄭註也案周禮大司
徒辨五土一曰山林二曰川澤三曰丘陵四曰墳衍五曰原
隰謂庶人須能分別視此五土之高下隨所宜而播種之則
職方氏所謂青州其穀宜稻麥雍州其穀宜黍稷之類是也
云各盡其所宜此分地利也者此依孔傳也劉炫云黍稷生
於陸菰稻生於水○註身恭至不闕 正義曰云身恭謹則遠
恥辱者論語曰恭近於禮遠恥辱也云用節省則免飢寒者
用謂庶人衣服飲食喪祭之用當須節省禮記曰食節事時
又曰庶人無故不食珍及三年之耕必有一年之食九年耕
必有三年之食以三十年之通雖有凶旱水溢民無菜色是
免飢寒也云公賦既充則私養不闕者賦者自上稅下之名
也謂常省節財用公家賦稅充足而私養父母不闕乏也孟
子稱周人百畝而徹其實皆什一也劉熙注云家耕百畝徹
取十畝以爲賦也又云公事畢然後敢治私事是也○註庶
人至而已 正義曰此依魏註也案天子諸侯卿大夫士皆
言蓋而庶人獨言此註釋言此之意也謂天子至士孝行廣
大其章略述宏綱所以言蓋也庶人用天分地謹身節用其

孝行已盡故曰此言惟此而已庶人不引詩者義盡於此無贅諸也**故自天子至於庶人孝無終始而患不及者未之有也**始自天子終於庶人尊卑雖殊孝道同致而患不能及者未之有也言無此理故曰未有【疏】故自至有也正義曰夫子述天子諸侯卿大夫士庶人行孝畢於此則揔結之則其五等尊卑雖殊至於奉親其道不別故從天子已下至於庶人其孝道則無終始貴賤之異也或有自患已身不能及於孝未之有也自古及今未有此理蓋是勉人行孝之辭也　註始自至未有正義曰云始自天子終於庶人者謂五章以天子爲始庶人爲終也云尊卑雖殊孝道同致者謂天子庶人尊卑雖別至於行孝其道不殊天子須愛親敬親諸侯須不驕不溢卿大夫於言行無擇士須資親事君庶人謹身節用各因心而行之斯至豈藉創物之智扛鼎之力若率強之無不及也云而患不能及者未之有也者此謂人無貴賤尊卑行孝之道同致若各率其已分則皆能養親言患不及於孝者未有也說孝道包含之義廣大塞乎天地橫乎四海經言孝無終始謂難備終始但不致毀傷立身行道安其親忠於君一事可稱則行成名立不必終始皆備也此言行孝甚易無不及之理

故非孝道不終始致必及之患也一云言無此理故曰未有者
此釋未之有之意也謝萬以爲無終始而患不及未之有者
少賤之辭也劉瓛云禮不下庶人若言我賤而患行孝不及
已者未之有也此但得憂不及之理而失於歎少賤之義也
鄭曰諸家皆以爲患及身今註以爲自患不及將有說乎荅
曰案說文云患憂也廣雅曰患惡也又若案注說釋不及之
義凡有四焉大意皆謂有患貴賤行孝無及之憂非以患爲
禍也經傳之稱患者多矣論語不患人之不已知又曰不患
無位又曰不患寡而患不均左傳曰宣子患之皆是憂惡之
辭也惟蒼頡篇謂患爲禍孔鄭韋王之學引之以釋此經故
皇侃曰無始有終謂改悟之善惡禍何必及之則無始之言
已成空設也禮祭義曾子說孝曰衆之本教曰孝其行曰養
養可能也敬爲難敬可能也安爲難安可能也卒爲難父母
既沒愼行其身不遺父母惡名可謂能終矣夫以曾參行孝
親承聖人之意至於能終孝道尚以爲難則寡能無識固非
所企也今爲行孝不終禍患必及此人偏執詎謂經通鄭曰
書云天道福善禍淫又曰惠迪吉從逆凶惟影響斯則必有
災禍何得稱無也荅曰來問指淫凶悖慝之倫經言戒不終
善美之輩論語曰今之孝者是謂能養曾子曰參直養者也
安能爲孝乎又此章云以養父母此庶人之孝也儻有能養

而不能終只可未爲具美無宜即同淫慝也古今凡庸詎識孝道但使能養安知始終若今皆及於災便是比屋可貽禍矣而當朝通識者以爲鄭註非誤故謝萬云言爲人無終始者謂孝行有終始也患不及者謂用心憂不足也能行如此之善曾子所以稱難故鄭註云善未有也諦詳此義將謂不然何者孔聖垂文包於上下盡力隨分寧限高卑則因心而行無不及也如依謝萬之說此則常情所昧矣子夏曰有始有卒者其惟聖人乎若施化惟待聖人千載方期一遇加於百姓刑於四海乃爲虛說者與制旨曰嗟乎孝之爲大若天之不可逃也地之不可遠也朕窮五孝之說人無貴賤行無終始未有不由此道而能立其身者然則聖人之德豈云遠乎我欲之而斯至何患不及於已者哉

三才章第七

（疏）正義曰天地謂之二儀兼人謂之三才曾子見夫子陳說五等之孝既畢乃發歎曰甚哉孝之大也夫子因其歎美乃爲說天經地義人行之事可教化於人故以名章次五孝之後

曾子曰甚哉孝之大也參聞行孝無限高卑始知孝之爲大也子曰

夫孝天之經也地之義也民之行也經常也利物爲義孝爲百行之首人之常德若三辰運天而有常五土分地而爲義也天地之經而民是則之天有常明地有常利言人法則天地亦以孝爲常行也則天之明因地之利以順天下是以其教不肅而成其政不嚴而治法天明以爲常因地利以行義順此以施政教則不待嚴肅而成理也

疏曾子曰至而治 正義曰夫子述上從天子下至庶人五等之孝後摠以結之語勢將畢欲以更明孝道之大無以發端特假曾子歎孝之大更以彌大之義告之也曰夫孝天之經地之義民之行經常也人生天地之間稟天地之氣節人之所法是天地之常義也聖人司牧黔庶故須則天之常明因依地之義利以順行於天下是以其爲教也不待肅戒而成也其爲政也不假威嚴而自理也 註參聞至大也 正義曰高謂天子卑謂庶人言曾參既聞夫子陳說天子庶人皆當行孝始知孝之爲大也 註經常至義也 正義曰云經常也利物爲義者經常御書傳通訓也易文言曰利物足以和義是利物爲義也

云孝爲百行之首人之常德若鄭註論語云孝爲百行之本言人之爲行莫先於孝案周易曰常其德貞孝是人所常德也云若三辰運天謂日月星以時運轉於天釋名云土者吐也言吐生萬物周禮五土十地之利言孝爲百行之首是人生有常之德若日月星辰運行於天而有常山川原隰分別土地而爲利則知貴賤雖別必資孝以立身皆貴法則於天地然此經全與左傳鄭子大叔荅趙簡子問禮同其異一兩字而已明孝之與禮其義同○註天有至行也　正義曰云天有常明者謂日月星辰明臨於下紀於四時人事則之以夙興夜寐無忝爾所生故下文云則天之明也云地有常利者謂山川原隰動植物産人事因之以晨羞夕膳色養無違故下文云因地之利也此皆人能法則天地以爲孝行者故云亦以孝爲常行也上云天之經地之義此云天地之經而不言義者爲地有利物之義亦是天常也若分而言之則爲義合而言之則爲常也○註法天至理也　正義曰云法天明以爲常因地利以行義者上文云夫孝天之經地之義者故云法天明以爲常釋天之明也因地利以爲義釋地之利也云順此以施政教則不待嚴肅而成理也者經云其教不肅而成其政不嚴而治註則以政教相就而明之嚴肅相連而釋之從便宜省也制旨曰天無立極之統無以常其明

地無立極之統無以常其利人無立身之本無以常其德然則三辰迭運而一以經之者天利之性也五土分植而一以宜之者大順之理也百行殊塗而一致之者大中之要也天愛始於和而敬生於順是以因和以教愛則易知而有親因順以教敬則易從而有功愛敬之化行而禮樂之政備矣聖人則天之明以爲經因地之利以行義故能不待嚴肅而成可久可大之業焉

先王見教之可以化民也見因天地教化人之易也

是故先之以博愛而民莫遺其親君愛其親則人化之無有遺其親者

陳之以德義而民興行陳說德義之美爲衆所慕則人起心而行之

先之以敬讓而民不爭君行敬讓則人化而不爭

導之以禮樂而民和睦禮以檢其跡樂以正其心則和睦矣

示之以好惡而民知禁示好以引之示惡以止之則人知有禁令不敢犯也

（疏）先王至知禁　正義曰言先王見因天地之常不肅不嚴之政教可以率先化下人也故須身行博愛之道以率先之則人漸

其風教無有遺其親者於是陳說德義之美以順教誨人則
人起心而行之也先王又以身行敬讓之道以率先之則人
漸其德而不爭競也又道之以禮樂之教正其心迹則人被
其教自和睦也又示之以好者必愛之惡者必討之則人見
之而知國有禁也　註見因至易也　正義曰此依鄭注也
言先王見天明地利有益於人因之以施化行之甚易也○
註君愛至親者　正義曰此依王註也言君行博愛之道則
人化之皆能行愛敬無有遺忘其親者即天子章之愛敬盡
於事親而德教加於百姓是也　註陳說至行之　正義曰
易稱君子進德脩業又論語云義以爲質又左傳說趙衰薦
郤縠云說禮樂而敦詩書詩書義之府也禮樂德之則也德
義利之本也且德義之利是爲政之本也言大臣陳說德義
之美是天子所重爲羣情所慕則人起發心志而效行之○
註君行至不爭　正義曰此依魏註也案禮記鄉飲酒義云
先禮而後財則民作敬讓而不爭矣言君身先行敬讓則天
下之人自息貪競也○註禮以至睦矣　正義曰此依魏註
也案禮記云樂由中出禮自外作中謂心在其中也外謂跡
見於外也由心以出者宜聽樂以正之自跡以見者當用禮
以檢之　檢之謂檢束也言心跡不違於禮樂則人當自和
睦也○註示好至犯也　正義曰云示好以引之示惡以止

之者案樂記云先王之制禮樂也將以教民平好惡而反人道之正也故云有好必賞之令以引喻之使其慕而歸善也云有惡必罰之禁以懲止之使其懼而不爲也云則人知有禁令不敢犯也者請人知好惡而不犯禁令也

詩云赫赫師尹民具爾瞻 赫赫明盛貌也尹氏爲太師周之三公也義取大臣助君行化人皆瞻之也

疏 詩云至爾瞻 正義曰夫子既述先王以身率下先及大臣助君行化之義畢乃引小雅節南山詩以證成之赫赫明盛之貌也是太師尹氏也言助君行化爲人模範故人皆瞻之○註赫赫至之也 正義曰赫赫明盛貌也尹氏爲太師周之三公也者此毛傳文太師太傅太保是周之三公尹氏時爲太師故曰尹氏也云義取大臣助君行化人皆瞻之也者引詩大意如此孔安國曰具皆也爾女也古語或謂人具爾瞻則人皆瞻女也此章再言先之是吾身行率先於物也陳之道之示之是大臣助君爲政也案大戴禮云昔者舜左禹而右臯陶不下席而天下大治夫政之不中君之過也政之既中令之不行職事者之罪也後引周禮稱三公無官屬與王同職坐而論道又案尚書益稷篇稱帝曰吁臣哉鄰哉鄰哉臣哉又曰臣作朕股肱耳目孔傳曰言君臣道近相須而成言大體若身君任股肱臣

戴元首之義也故禮緇衣稱上好是物下必有甚者矣故上之好惡不可不慎也是民之表也詩云赫赫師尹民具爾瞻甫刑曰一人有慶兆民賴之緇衣之引詩書是明下民從上之義師尹大臣也一人天子也謂人君爲政有身行之者有太臣助行之者人之從上非唯從君亦從論道之大臣故并引以結之也此章上言先王下引師尹則亦君臣同體相須而成者謂此也皇侃以爲無先王在上之詩故斷章引大師之什今不取也

孝經註疏卷第三

孝經註疏卷第四

孝治章第八　邢昺註疏

（疏）正義曰夫子述此明王以孝治天下也前章明先王因天地順人情以爲教此章言明王由孝而治故以名章次三才之後也

子曰昔者明王之以孝治天下也言先代聖明之王以至德要道化人是爲孝理**不敢遺小國之臣而況於公侯伯子男乎**小國之臣至卑者耳主尚接之以禮況於五等諸侯是廣敬也**故得萬國之懽心以事其先王**萬國舉其多也言行孝道以理天下皆得懽心則各以其職來助祭也

（疏）子曰至先王　正義曰此章之首稱子曰者爲事訖更別起端首故也言昔者聖明之王能以孝道治於天下大教接物故不敢遺小國之臣而況於五等之君乎言必禮敬之明王能如此故得萬國之懽心謂各脩其德盡其懽心而來助祭

以事其先王經先王有六焉一曰先王有至德二曰非先王
之法服三曰非先王之法言四曰非先王之德行五曰先王
見教之此皆指先代行孝之王 此章云以事其先王則指行
孝王之考祖○註言先至孝理 正義曰此釋孝治之義也
國語云古曰在昔曰先民尚書洪範云睿作聖左傳照臨四
方曰明昔者非當時代之名明王則聖王之稱也是汎指前
代聖王之有德者經言明王還有首章之先王也以代言之
謂之先王以聖明言之則爲明王事義相同故註以至德要
道釋之○註小國至敬也 正義曰此依王註義也五等諸
侯則公侯伯子男舊解云公者正也言正行其事侯者候也
言斥候而服事伯者長也爲一國之長也子者字也言字愛
於小人也男者任也言任王之職事也爵則上皆勝下若行
事亦互相通舜典曰輯五瑞孔安國曰舜斂公侯伯子男之
瑞圭璧斯則堯舜之代已有五等諸侯也論語云殷因於夏
禮周因於殷禮案尚書武成篇云列爵惟五分土惟三鄭注
王制云殷所因夏爵三等之制也是有公侯伯而無子男武
王增之揔建五等時九州界狹故土惟三等則王制云公侯
方百里伯七十里子男五十里至周公攝政斥大九州之界
增諸侯之大者地方五百里侯四百里伯三百里子二百里
男百里然據鄭玄夏殷不建子男武王復增之也案五等公

爲上等侯伯爲次等子男爲下等則小國之臣謂子男卿大
夫況此諸侯則至卑也曲禮云列國之大夫入天子之國曰
某士諸侯言列國者兼小大是小國之卿大夫有見天子之
禮也言雖至卑盡來朝聘則天子以禮接之案周禮掌客云
王公饗餼九牢飧五牢侯伯饗餼七牢飧四牢子男饗五牢
飧三牢三等其五等之介行人宰史皆有飧饔餼唯上介有
禽獻其卿大夫士有特來聘問者則待之如其爲介時也是
待諸侯及其臣之禮是皆廣敬之道也○註萬國至祭也
正義曰舉其多也者此依魏註也詩書之言萬國者多
矣亦猶言萬方是舉多而言之不必數滿於萬也皇侃云春
秋稱禹會諸侯於塗山執玉帛者萬國言禹要服之內地方
七千里而置九州九州之中有方百里七十里五十里之國
計有萬國也因引王制殷之諸侯有千七伯七十三國也孝
經稱周諸侯有九千八百國所以證萬國爲夏法也信如此
說則周頌云綏萬邦六月云萬邦爲憲豈周之代復有萬國
乎今不取也云言行孝道以理天下皆得懽心則各以其職
來助祭也者言明王能以孝道理於天下則得諸侯之懽心
以事其先王也各以其職來祭者謂天下諸侯各以其所職
貢來助天子之祭也和者禮器云大饗其王事與註云盛其
饌與貢謂祫祭先王又云三牲魚腊四海九州之美味也籩

豆之薦四時之和氣也註云此饌諸侯所獻又云內金示和也註云此所貢也內之庭實先設之金從革性和荆楊二州貢金三品又云束帛加璧尊德也註云貢享所執致命者君子於玉比德焉又云龜爲前列先知也註云龜知事情者陳於庭在前荆州納錫大龜又云金次之見情也註云金炤物金有兩義先入後設又云丹漆絲纊竹箭與衆共財也註云萬民皆有此物荆州貢丹兗州貢漆絲豫州貢纊揚州貢篠簜又云其餘無常貨各以國之所有則致遠物也註云其餘謂九州之外夷服鎮服蕃服之國周禮九州之外謂之蕃國世一見各以其所貴寶爲贄周穆王征犬戎得白狼白鹿近之大傳云遂率天下諸侯執豆籩駿奔走又周頌曰駿奔走在廟此皆助祭者也

治國者不敢侮於鰥寡而況於士民乎理國謂諸侯也鰥寡國之微者君尚不敢輕侮況知禮義之士乎

故得百姓之懽心以事其先君諸侯能行孝理得所統之懽心則皆恭事助其祭享也

（疏）治國者至先君　正義曰此説諸侯之孝治也言諸侯以孝道治其國者尚不敢輕侮於鰥夫寡婦而況於知禮義之士民乎亦言必不輕侮也以此故得其國內百姓懽悅以事其先君也

○註理國至士乎　正義曰云理國謂諸侯也者此依魏註也案周禮云體國經野詩曰生此王國是其天子亦言國也易曰先王以建萬國親諸侯是諸侯之國上言明王理天下此言理國故知諸侯之國也云鰥寡國之微者君尚不敢輕侮者案王制云老而無妻者謂之鰥老而無夫者謂之寡此天民之窮而無告者也則知鰥夫寡婦是國之微賤者也言微賤之者國君尚不輕侮況知禮義之士乎釋經之士民詩云彼都人士左傳曰多殺國士此皆況借有知識之人不必居官授職之士舊解士知義理又曰士丈夫之美稱故註言知禮義之士乎謂民中知禮義者○註諸侯至享也　正義曰云諸侯能行孝理得所統之懽心者此言諸侯孝治其國得百姓之懽心也一國百姓皆是君之所統理故以所統言之孔安國曰亦以相統理是也云則皆恭事助其祭享也者祭享謂四時及禘祫也於此祭享之時所統之人則皆恭其職事獻其所有以助於君故云助其祭享也

治家者不敢失於臣妾而況於妻子乎理家謂卿大夫臣妾家之賤者妻子家之貴者**故得人之懽心以事其親**卿大夫位以材進受祿養親若能孝理其家則得小大之懽心助其奉養（疏）

治家者至其親　正義曰說卿大夫之孝治也言以孝道理治其家者不敢失於其家臣妾賤者而況於妻子之貴者乎言必不失也故得其家之懽心以承事其親也○註理家至貴者　正義曰云理家謂卿大夫者此依鄭註也案下章云大夫有爭臣三人雖無道不失其家禮記王制曰上大夫卿則知治家謂卿大夫云臣妾家之賤者案尚書費誓曰竊馬牛誘臣妾孔安國云誘偷奴婢既以臣妾爲奴婢是家之賤者也云妻子家之貴者案禮記哀公問於孔子孔子對曰妻者君之主也敢不敬與子者親之後也敢不敬與是妻子家之貴者也○註卿大夫至奉養　正義曰云卿大夫位以材進者案毛詩傳曰建邦能命龜田能施命作器能銘使能造命升高能賦師旅能誓山川能說喪紀能誄祭祀能語君子能此九者可謂有德音可以爲大夫是位以材進也云受祿養親者若能孝理其家則受其所稟之祿以養其親云若能孝理其家則得小大之懽心者謂小大皆得其懽心小謂臣妾大謂妻子也云助其奉養者案禮記內則稱子事父母婦事舅姑曰以雞初鳴咸盥漱以適父母舅姑之所問衣燠寒饘酏酒醴芼羹菽麥蕡稻黍粱秫唯所欲棗栗飴蜜以甘之父母舅姑必嘗之而後退此皆奉養事親也天子諸侯繼父而立故言先王先君也大夫唯賢是授居位之時或有俸祿

以逮於親故言其親也註順經文所以言助其奉養此謂事親生之義也若親以終沒亦當言助其祭祀也明王言不敢遺小國之臣諸侯言不敢侮於鰥寡大夫言不敢失於臣妾者劉炫云遺謂意不存録侮謂忽慢其人失謂不得其意小國之臣位卑或簡其禮故云不敢遺也鰥寡人中賤弱或被人輕侮欺陵故曰不敢侮也臣妾營事産業宜須得其心力故云不敢失也明王況公侯伯子男諸侯況士民卿大夫況妻子者以王者尊貴故況則國之貴者諸侯差卑故況國中之卑者以五等皆貴故況其卑也大夫或事父母故況家人之貴者也

夫然故生則親安之祭則鬼享之夫然者上孝理皆得懽心則存安其榮沒享其祭**是以天下和平災害不生禍亂不作**上敬下懽存安沒享人用和睦以致太平則災害禍亂無因而起**故明王之以孝治天下也如此**言明王以孝爲理則諸侯以下化而行之故致如此福應

疏夫然至如此　正義曰此揔結天子諸侯卿大夫之孝治也言明王孝治其下則諸侯以下各順其教皆治其國家也如此各得懽心親若存則安其孝養沒則享其祭祀故得和氣降生感

動昭昧是以普天之下和睦太平灾害之萌不生禍亂之端
不起此謂明王之以孝治天下也能致如此之美○註夫然者至
其祭　正義曰云夫然者然上孝理皆得懽心者此謂明王
諸侯大夫能行孝治皆得其懽心也云則存安其榮者釋生
則親安之云沒享其祭者釋祭則鬼享之也○註上敬至而
起　正義曰此釋天下和平以皆由明王孝治之所致也皇
侃云天反時爲灾謂風雨不節地反物爲妖妖即害物謂水
旱傷禾稼也善則逢殃爲禍臣下反逆爲亂也○註言明至
福應　正義曰云言明王以孝爲理則諸侯以下化而行之
者案上文有明王諸侯大夫三等而經獨言明王孝治如此
者言由明王之故也則諸侯以下奉而行之而功歸於明王
也云故致如此福應者福謂天下和平應謂灾害不生禍亂
不作

詩云有覺德行四國順之 覺大也義取天子有大德行則四方之國
順而行之 疏 詩云至順之　正義曰夫子述昔時明王孝治之
義畢乃引大雅抑篇讚成之也言天子身有至大
德行使四方之國皆順而行之○註覺大至行之　正義曰
云覺大也此依鄭註也故詩箋云有大德行則天下順從其
化是以覺爲大也云義取天子有大德行則四
方之國順而行之者言引詩之大意如此也

卷終

孝經註疏卷第五

聖治章第九　邢昺註疏

疏 正義曰此言曾子聞明王孝治以致和平因問聖人之德更有大於孝否夫子因問而說聖人之治故以名章次孝治之後

曾子曰敢問聖人之德無以加於孝乎 參問明王孝理以致和平又問聖人德教更有大於孝不 子曰天地之性人爲貴 貴其異於萬物也 人之行莫大於孝 孝者德之本也 孝莫大於嚴父 萬物資始於乾人倫資父爲天故孝行之大莫過尊嚴其父也 嚴父莫大於配天則周公其人也 謂父爲天雖無貴賤然以父配天之禮始自周公故曰其人也

疏 曾子至其人也 正義曰夫子前說孝治天下能致災害不生禍亂不作是言德行之大也將言聖德之廣不過於孝無以發端故

又假曾子之問曰聖人之德更有加於孝乎乎猶否也夫子承問而釋之曰天地之性人為貴性生也言天地之所生唯人最貴也人之所行者莫有大於孝行也孝行之大者莫有大於尊嚴其父也嚴父之大者莫有大於以父配天而祭也言以父配天而祭之者則文王之子成王叔父周公是其人也○註貴其至物也　正義曰此依鄭註也夫稱貴者是殊異可重之名案禮運曰人者五行之秀氣也尚書曰惟天地萬物父母惟人萬物之靈是異於萬物也○註萬物至父也　正義曰云萬物資始於乾者易云大哉乾元萬物資始是也云人倫資父為天者曲禮曰父之讎弗與共戴天鄭玄曰父者子之天也殺己之天與共戴天非孝子也杜預左氏傳曰婦人在室則天父出則天夫是人倫資父為天也云故孝行之大莫過尊嚴其父也者尊謂崇也嚴敬也父既同天故須尊嚴其父是孝行之大也○註謂父至人也　正義曰云謂父為天雖無貴賤者此將釋配天之禮始自周公故先張此文言人無限貴賤皆得謂父為天也云然以父配天之禮始自周公故曰其人也者但以父配天徧檢羣經更無殊說案禮記有虞氏尚德不郊其祖夏殷始尊祖於郊無父配天之禮也周公大聖而首行之禮無二尊既以后稷配郊天不可又以文王配之五帝天之別名也因享明堂而以文王配之

是周公嚴父配天之義也亦所以申文王有尊祖之禮也經稱周公其人注順經旨故曰始自周公也 昔者周公郊祀后稷以配天后稷周之始祖也郊謂圜丘祀天也周公攝政因行郊天之祭乃尊始祖以配之也 宗祀文王於明堂以配上帝明堂天子布政之宮也周公因祀五方上帝於明堂乃尊文王以配之也 是以四海之內各以其職來祭君行嚴配之禮則德教刑於四海海內諸侯各脩其職來助祭也 夫聖人之德又何以加於孝乎言無大於孝者 疏昔者至孝乎○正義曰前陳周公以父配天因言配天之事自昔武王既崩成王年幼即位周公攝政因行郊天祭禮乃以始祖后稷配天而祀之因祀五方上帝於明堂之時乃尊其父文王以配而享之尊父祖以配天崇孝享以致敬是以四海之內有土之君各以其職貢來助祭也既明聖治之義乃總其意而荅之也周公聖人首爲尊父配天之禮以極於孝敬之心則夫聖人之德又何以加於孝乎是言無以加也○註后稷至配之 正義曰云后稷周公之始祖也者案周本紀云后稷名棄其母有邰氏女曰

姜原爲帝嚳元妃出野見巨人跡心忻然欲踐之踐之而身動如孕者居期而生子以爲不祥棄之隘巷馬牛過者皆辟不踐徙置之林中適會山林多人遷之而棄渠中冰上飛鳥以其翼覆薦之姜嫄以爲神遂收養長之初欲棄之因名曰棄棄爲兒好種樹麻菽及爲成人遂好耕農帝堯舉爲農師天下得其利有功帝舜曰棄黎民阻飢爾后稷播時百穀封棄於邰號曰后稷后稷曾孫公劉復脩其業自后稷至于季十五世而生文王受命作周案毛詩大雅生民之序曰生民尊祖也后稷生於姜嫄文武之功起於后稷故推以配天焉是也云郊謂圜丘祀天也者此孔傳文祀祭也祭天謂之郊周禮大司樂云凡樂圜鍾爲宮黃鍾爲角大蔟爲徵沽洗爲羽靁鼓靁鼗孤竹之管雲和之琴瑟雲門之舞冬日至於地上之圜丘奏之若樂六變則天神皆降可得而禮矣郊特牲曰郊之祭也迎長日之至也大報天而主日也兆於南郊就陽位也又曰郊之祭也大報本反始也言以冬至之後日漸長郊祭而迎之是建子之月則與經俱郊祀於天明圜丘南郊也云周公攝政因行郊天之祭乃尊始祖以配之也者案文王世子稱仲尼曰昔者周公攝政踐祚而治抗世子法於伯禽所以善成王也則郊祀是周公攝政之時也公羊傳曰郊則曷爲必祭稷王者必以其祖配王者則曷爲必以其祖

配自內出者無主不行自外至者無主不止言祭天則天神爲客是外至也須人爲主天神乃至故尊始祖以配天神侑坐而食之案左氏傳曰凡祀啓蟄而郊又云郊祀后稷以祈農事也而鄭註禮郊特牲乃引易說曰三王之郊一用夏正建寅之月也此言迎長日者建卯而晝夜分分而日長也然則春分而長短分矣此則迎在未分之前至謂春分之日也夫至者是長短之極也明分者晝夜均也分是四時之中啓蟄在建寅之月過至而未及分必於夜短方爲日長則左氏傳不應言啓蟄也若以日長有漸郊可預迎則其初長宜在極短之日故知傳啓蟄之郊是祈農之祭也周禮冬至之郊是迎長日報本反始之祭也鄭玄以祭法有周人禘嚳之文遂變郊爲祀感生之帝謂東方青帝靈威仰周爲木德威仰木帝以騐之曰案爾雅曰祭天曰燔柴祭地曰瘞薶又曰禘大祭也謂五年一大祭之名又祭法祖有功宗有德皆在宗廟本非郊配若依鄭說以帝嚳配祭圜丘是天之最尊也周之尊帝嚳不若后稷今配青帝乃非最尊實乖嚴父之義也且徧窺經籍並無以帝嚳配天之文若帝嚳配天則經應云禘嚳於圜丘以配天不應云郊祀后稷也天一而已故以所在祭在郊則謂爲圜丘言於郊爲壇以象圜天圜丘即郊也郊即圜丘也其時中郎馬昭抗章固執當時敕博士張融質

之融稱漢世英儒自董仲舒劉向馬融之倫皆斥周人之祀
昊天於郊以后稷配無如玄說配蒼帝也然則周禮圜丘則
孝經之郊聖人因尊事天因卑事地安能復得祀帝嚳於圜
丘配后稷於蒼帝之禮乎且在周頌思文后稷克配彼天又
昊天有成命郊祀天地𣈆郊非蒼帝通儒同辭肅說爲長伏
以孝爲人行之本祀爲國事之大孔聖垂文固非臆說前儒
詮證各擅一家自頃脩撰備經斟覆究理則依王肅爲長從
衆則鄭義已久王義其聖證之論鄭義其於三禮義宗王鄭
是非於禮記其義文多卒難詳縷說此略據機要且舉二端
焉○註明堂至之也　正義曰云明堂天子布政之宫也者
案禮記明其二端註明堂朝諸侯于明堂之位天子負斧依
南鄉而立明堂也者明諸侯之尊卑也制禮作樂頒度量而
天下大服知明堂是布政之宫也云周公因祀五方上帝於
明堂乃尊文王以配之也者五方上帝即是上帝也謂以文
王配五方上帝之神侑坐而食也案鄭註論語云皇皇后帝
並謂太微五帝在天爲上帝分王五方爲五帝舊說明堂在
國之南去王城七里以近爲媟南郊去王城五十里以遠爲
嚴五帝卑於昊天所以於郊祀昊天於明堂祀上帝也其以
后稷配郊以文王配明堂義見於上也五帝謂東方青帝靈
威仰南方赤帝赤熛怒西方白帝白招拒北方黒帝汁光紀

中央黃帝含樞紐鄭炫云明堂居國之南南是明陽之地故曰明堂案史記云黃帝接萬靈於明庭明庭即明堂也明堂起於黃帝周禮考工記曰夏后曰世室殷人重屋周人明堂先儒舊說其制不同案大戴禮云明堂凡九室一室而有四戶八牖三十六戶七十二牖以茅蓋屋上圓下方鄭玄據援神契云明堂上圓下方八牖四闥考工記曰明堂五室稱九室者或云取象陽數也八牖者陰數也取象八風也三十六戶取象六甲子之爻六六三十六也上圓象天下方法地八牖者即八節也四闥者象四方也稱五室者取象五行皆無明文也以意釋之耳此言宗祀於明堂謂九月大享靈威仰等五帝以文王配之即月令云季秋大享帝注云徧祭五帝以其上言舉五穀之要藏帝藉之收於神倉六月西方成事終而報功也。註君行至祭也 正義曰云君行嚴配之禮者此謂宗祀文王於明堂以配天是也云則德教刑於四海海內諸侯各脩其職來助祭也者謂四海之內六服諸侯各修其職貢方物也案周禮大行人以九儀辨諸侯之命廟中將幣三享又曰侯服貢祀物鄭云犧牲之屬甸服貢嬪物註云絲帛也男服貢器物註云尊彝之屬也采服貢服物註云玄纁絺纊也衛服貢材物註云八材也要服貢貨物註云龜貝也此是六服諸侯各脩其職來助祭又若尚書武成篇云

丁未祀於周廟邦甸侯衛駿奔走執豆籩亦是助祭之義也**故親生之膝下以養**
父母日嚴親猶愛也膝下謂孩幼之時也言親愛之心生於孩幼比及年長漸識義方則日加尊嚴能致敬於父母也
聖人因嚴以教敬因親以教愛聖人因其親嚴之心敦以愛敬之教故出以就傅趨而過庭以教敬也抑搔癢痛懸衾篋枕以教愛也**聖人之教**
不肅而成其政不嚴而治聖人順群心以行愛敬制禮則以施政教亦不待嚴肅而成理也**其所因者本也**本謂孝也
（疏）故親至本也正義曰此更廣陳嚴父之由言人倫正性必在蒙幼之年教之則明不教則昧言親愛之心生在其孩幼膝下之時於是父母則教示比及年長漸識義方則日加尊嚴能致敬於父母故云以養父母日嚴也是以聖人因其日嚴而教之以敬因其知親而教之以愛故聖人因之以施政教不待嚴肅自然成治也然其所因者在於孝也言本皆因於孝道也○註親猶至母也正義曰云親猶愛也者嫌以親爲父母故云親猶愛也云膝下謂孩幼之時也者案內則云子生三月妻以子見於父父執子

之右手孩而名之案說文云孩小兒笑也謂指其頭下令之笑而爲之名故知膝下謂孩幼之時也云親愛之心生於孩幼之時也者言孩幼之時已有親愛父母之心生也云比及年長漸識義方則日加尊嚴能致敬於父母也者春秋左氏傳石碏曰臣聞愛子教之以義方方猶道也謂教以仁義合宜之道也其教之者案禮記內則子能飲食教以右手能言男唯女俞男鞶革女鞶絲六年教之數與方名七年男女不同席不共食八年出入門戶及即席飲食必後長者始教之讓九年教之數目又曲禮云幼子常視無誑立必正方不傾聽與之提攜則兩手奉長者之手負劒辟咡詔之則掩口而對註約彼文爲說故曰日加尊嚴言子幼而誨及長則能致敬其親也。註聖人至愛也　正義曰父子之道簡易則慈孝不接狎則怠慢生焉故聖人因其親嚴之心敦以愛敬之教也云出以外傳者案禮記內則云十年出就外傅居宿於外學書計鄭云外傅教學之師也謂年十歲出就外傅居宿於外就師而學也案十年出就外傅指命士已上今此引之則尊卑皆然也云趨而過庭以教敬也者言父之與子於禮不得常同居處也案論語云陳亢問於伯魚曰子亦有異聞乎對曰未也嘗獨立鯉趨而過庭曰學禮乎對曰未也不學禮無以立鯉退而學禮聞斯二者陳亢退而喜曰問一得三

聞詩聞禮又聞君子之遠其子也故注約彼文以爲說也云
抑搔癢痛懸衾篋枕以教愛者也者此並約內則文案彼云
以適父母舅姑之所及所下氣怡聲問衣燠寒疾痛苛癢而
敬抑搔之父母舅姑將坐奉席請何鄉將衽長者奉席請何
趾少者執牀與坐御者舉几斂席與簟懸衾篋枕斂簟而襡
之鄭注云須臥乃敷之也襡韜也是父母未寢故衾被則懸
枕則置篋中言子有近父母之道所以教其愛也夫愛以敬
生敬先於愛無宜待教而此言教敬愛者禮記樂記曰樂者
爲同禮者爲異同則相親異則相敬樂勝則流是愛深而敬
薄也禮勝則離是嚴多而成殺也不教敬則不嚴不和親則
忘愛所以先敬而後愛也舊注取士章之義而分愛敬父母
之別此其失也。註聖人至理也　正義曰云聖人順羣心
以行愛敬者聖人謂明王也聖者通也稱明王者言在位無
不照也稱聖人者言用心無不通也順羣心者則首章以順
天下是也以行愛敬者則天子能愛親敬親者是也云制禮
則以施政教者則德教加於百姓是也云亦不待嚴肅而成
理也者蓋言王化順此而行也言亦者三才章已有成理之
言故云亦也。註本謂孝也　正義曰此依鄭註也首章云
夫孝德之本也制旨曰夫人倫正性在蒙幼之中導之斯通
壅之斯蔽故先王慎其所養於是乎有胎中之教膝下之訓

感之以惠和而日親焉期之以恭順而日嚴焉夫親也者緣乎正性而達人情者也故因其親嚴之心敎以愛敬之範則不嚴而治不肅而成謂其本於先祖也

父子之道天性也君臣之義也

父子之道天性之常加以尊嚴又有君臣之義

父母生之續莫大焉

父母生子傳體相續人倫之道莫大於斯

君親臨之厚莫重焉

謂父為君以臨於已恩義之厚莫重於斯

疏　父子至重焉　正義曰此言父子恩親之情是天生自然之道父以尊嚴臨子子以親愛事父尊卑既陳貴賤斯位則子之事父如臣之事君易稱乾元資始坤元資生又論語曰子生三年然後免於父母之懷是父母生已傳體相續此為大焉言有父之尊同君之敬恩義之厚此最為重也。註父子至之義　正義曰云父子之道天性之常者父子之道自然慈孝本乎天性則生愛敬之心是常道也云加以尊嚴又有君臣之義者言父子相親本於天性慈孝生於自然既能尊嚴於親又有君臣之義故易家人卦曰家人有嚴君焉父母之謂也是謂父母為嚴君也。註父母至於斯　正義曰案說文云續連也言子繼於父母相連不絕也易稱生生之謂易言後生次於前也此則傳續之義也。註謂父至於斯　正義曰上引家人之文言人子之道於父母有嚴君之義此章既陳聖治則事繫於人君也案禮記文王世子稱昔者周公攝政抗世子法於伯禽使之與成王居欲令成王之知父子君臣之義君之於太子也親則父也尊則君也有父之親有君之尊然後兼天下而有之者言既有天性之恩又有君臣之義厚重其過於此也

故不愛其親而愛他人者謂之悖德不敬其親而敬他人者謂之悖禮言盡愛敬之道然後施教於人違此則於德禮爲悖也**以順則逆民無則焉**行教以順人心今自逆之則下無所法則也**不在於善而皆在於凶德**善謂身行愛敬也凶謂悖其德禮也**雖得之君子不貴也**言悖其德禮雖得志於人上君子之不貴也

疏　故不至貴也　正義曰此說愛敬之失悖於德禮之事也所謂不愛敬其親者是君上不能身行愛敬也而愛他人敬他人者是教天下行愛敬也君自不行愛敬而使天下人行是謂悖德悖禮也唯人君合行政教以順天下人心今則自逆不行翻使天下之人法行於逆

道故人無所法則斯乃不在於善而皆在於凶德在謂心之所在也凶謂凶害於德也如此之君雖得志於人上則古先哲王聖人君子之所不貴也。註言盡至悖也　正義曰云言盡愛敬之道然後施教於人者此孔傳也則天子章言愛敬盡於事親而德教加於百姓是也云違此則於德禮爲悖也者案禮記大學云堯舜率天下以仁而民從之桀紂率天下以暴而民從之其所令反其所好而民不從是故君子有諸已而后求諸人無諸已而后非諸人所藏乎身不恕而能喻諸人者未之有也是知人君若違此盡愛敬之道而教天下人行愛敬是悖逆於德禮也。註善謂至禮也　正義曰云善謂身行愛敬也者謂身行愛敬乃爲善也云凶謂悖其德禮也者悖猶逆也言逆其德禮則爲凶也。註言悖至貴也　正義曰云悖其德禮者此依魏註也謂人君不行愛敬於其親鄭注云悖若桀紂是也云雖得志於人上者君子之所不貴也者言君行如此是雖得志於臣人之上幸免篡逐之禍言聖人君子之所不貴言賤惡之也

君子則不然不悖德禮也**言思可道行思可樂**思可道而後言人必信也思可樂而後行人必悅也**德義可尊作事可法**立德行義不違道正故可尊也制作事業

動得物宜故可法也容止可觀進退可度容止威儀也必合規矩則可觀也進退動靜也不越禮法則可度也以臨其民是以其民畏而愛之則而象之君行六事臨撫其人則下畏其威愛其德皆放象於君也故能成其德教而行其政令上正身以率下下順上而法之則德教成政令行也疏君子至政令 正義曰前說爲君而爲悖德禮之事此言聖人君子則不然也君子者須慎其言行動止舉措思可道而後言思可樂而後行故德義可以尊崇作業可以爲法威容可以觀望進退皆脩禮法以此六事君臨其民則人畏威而親愛之法則而象效之故德教以此而成政令以此而行也○註不悖德禮也 正義曰此依魏註也言君子舉措皆合德禮無悖逆也○註思可至悅也 正義曰言者意之聲也思者心之慮也可者事之合也道者陳說也行謂施行也樂謂使人悅服也禮記中庸稱天下至聖言而民莫不信行而民莫不說也○註立德至可法也 正義曰此立德行義不違道正故可尊也者此依孔傳也劉炫云德者得於理也義者宜於事也得理在於身宜事見於外謂理得事宜行道守正故能爲人所尊也

知制云事業動得物宜故可法也者作謂造立也事謂施爲
也易曰舉而措之天下之民謂之事業言能作衆物之端爲
器用之式造立於已成式於物物得其宜故能使人法象也
○註容止至度也　正義曰容止威儀也必合規矩則可觀
也者此依孔傳也容止謂禮容所止也漢書儒林傳云魯徐
生善爲容以容爲禮官大夫是也威儀即儀禮也中庸云威
儀三千是也春秋左氏傳曰有威而可畏謂之威有儀而可
象謂之儀言君子有此容止威儀能合規矩案禮記玉藻云
周還中規折還中矩鄭云反行也宜圜曲行也宜方是合規
矩故可觀云進退動靜也者進則動也退則靜也案易乾文
言曰進退無常非離羣也又艮卦彖曰時止則止時行則行
動靜不失其時其道光明是進退動靜也云不越禮法則
可度也者動靜不乖越禮法故可度也○註君行至君也
正義曰云君行六事臨撫其人者言君施行六事以臨撫下
人六事即可度以上之事有六也云則下畏其威愛其德皆
放象於君也者案左傳北宮文子對衛侯說威儀之事有
威而可畏謂之威有儀而可象謂之儀君有君之威儀其臣
畏而愛之則而象之又因引周書數文王之德曰大國畏其
力小國懷其德言畏而愛之也詩云不識不知順帝之則言
則而象之也又云君子在位可畏施舍可愛進退可度周旋

可則容止可觀作事可法德行可象聲氣可樂動作有文言語有章以臨其下謂之有威儀也據此與經雖稍殊別大抵皆叙君之威儀也故經引詩云其儀不忒其義同也○註上正至行也　正義曰云上正身以率下者此依孔傳也論語孔子對季康子曰子率以正孰敢不正又曰其身正不令而行是正其身之義也云下順上而法之者言正其身以率下則下人皆從之無不法則德教成政令行也者言風化當如此也

詩云淑人君子其儀不忒　淑善也忒差也義取君子威儀不差爲人法則

疏　詩云至不忒　正義曰夫子述君子之德既畢乃引曹風鳲鳩之詩以讚美之言善人君子威儀不差失也○註淑善至法則　正義曰云淑善也忒差也此依鄭註也淑善釋詁文釋言云爽差也爽忒也轉互相訓故忒得爲差也云義取君子威儀不差爲人法則者亦言引詩大意如此也

孝經註疏卷第五

孝經註疏卷第六

紀孝行章第十　邢昺註疏

（疏）正義曰此章紀錄孝子事親之行也前章孝治天下所施政教不待嚴肅自然成理故君子皆由事親之心所以孝行有可紀也故以名章次聖人之後或於孝行之下又加萬法兩字今不取也

子曰孝子之事親也居則致其敬（平居必盡其敬）養則致其樂（就養能致其懽）病則致其憂（色不滿容行不正履）喪則致其哀（擗踊哭泣盡其哀情）祭則致其嚴（齋戒沐浴明發不寐）五者備矣然後能事親（五者闕一則未爲能）

（疏）子曰至事親　正義曰致猶盡也言爲人子能事其親而稱孝者謂平常居處家之時也當須盡於恭敬若進飲食之時怡顏悅色致親之懽若親之有疾則冠者不櫛怒不至詈盡其憂謹之心若親喪亡則攀號毀瘠終其哀情也若卒哀之後終盡其祥練及春秋祭祀又當盡其嚴

肅此五者無限貴賤有盡能備者是其能事親。註平居必
盡其敬 正義曰此依王註也平居謂平常在家孝子則須
恭敬也案禮記內則云子事父母雞初鳴咸盥漱至於父母
之所敬進甘脆而后退又祭義曰養可能也敬為難皆是盡
敬之義也。註就養能致其懽 正義曰此依魏註也案檀
弓曰事親有隱而無犯左右就養無方言孝子冬溫夏清昏
定晨省及進飲食以養父母皆須盡其敬安之心不然則難
以致親之懽。註色不至正履 正義曰此依鄭註也案禮
記文王世子云王季有不安節則內豎以告文王文王色憂
行不能正履又下文此古之世子亦朝夕問於內豎其有不
安上世子色憂不滿容此註減憂能二字者以此章通於貴
賤雖儗人非其倫以舉重以明輕之義也。註擗踊至哀情
正義曰此依鄭註也並約喪親章文其義具於彼。註齋戒
至不寐 正義曰此皆說祭祀嚴敬之子也案祭義曰孝子
將祭夫婦齊戒沐浴盛服奉承而進之言將祭必先齊戒沐
浴也又云文王之祭也事死如事生詩云明發不寐有懷二
人文王之詩也鄭註云明發不寐謂夜而至旦也二人謂父
母也言文王之嚴敬祭事如此也。註五者至為能 正義
曰此依魏註也凡為孝子者須備此五等
事也五事若闕於一則未為能事親也

事親者居上

不驕當莊敬以臨下也爲下不亂當恭謹以奉上也在醜不爭
醜衆也爭競也當和順以從衆也居上而驕則亡爲下而亂則刑
在醜而爭則兵謂以兵刃相加三者不除雖日用三
牲之養猶爲不孝也三牲太牢也孝以不毀爲先言上三事皆可亡身而不除之雖
日致太牢之養固非孝也疏事親至孝也正義曰此言居上位者不可爲驕溢之事爲臣下者不可爲撓亂之
事在醜輩之中不可爲忿爭之事是以居上須去驕不去則
危亡也爲下須去亂不去則致刑辟在醜輩須去爭不去則
兵刃或加於身若三者不除雖復日日能用三牲之養終貽
父母之憂猶爲不孝之子也。註醜衆也爭競也 正義曰
此依魏註也醜衆釋詁文左傳曰師競已甚杜預云競猶爭
也故註以競釋爭也。註謂以兵刃相加 正義曰此依常
義案左傳云晉范鞅用劍以帥卒杜預曰用短兵接敵此則
刃劍之屬謂之兵也必有刃堪害於人則左傳齊莊公請自
刃於廟是也言處儕衆之中而每事好爭競或有以刃相讎
害也。註三牲至非孝也 正義曰云三牲太牢也者三牲

牛羊豕也案尚書召誥稱越翼日戊午乃社於新邑牛一羊一豕一孔云用太牢也是謂三牲爲太牢也云孝以不毀爲先者則首章不敢毀傷也云言上三事皆可亡身者謂上居上而驕爲下而亂在醜而爭之三事皆可喪亡其身命也云而不除之雖日致太牢之養固非孝也者言奉養雖優不除驕亂及爭競之事使親常憂故非孝也

五刑章第十一

疏 正義曰此章五刑之屬三千案舜命皐陶云汝作士明于五刑又禮記問喪云喪多而服五罪多而刑五以其服有親疏罪有輕重也故以名章以前章有驕亂忿爭之事言此罪惡必及刑辟故此次之

子曰五刑之屬三千而罪莫大於不孝 五刑謂墨劓剕宫大辟也條有三千而罪之大者莫過不孝 要君者無上 君者臣之禀命也而敢要之是無上也 非聖人者無法 聖人制作禮樂而敢非之是無法也 非孝者無親 善事父母爲孝而敢非之是無親也 此大亂之道也 言人有上三惡豈唯不孝乃是大亂之道

疏 子曰至道也 正義曰五刑者言刑名有五也三千者
言所犯刑條有三千也所犯雖異其罪乃同故言之羣
以包之就此三千條中其不孝之罪尤大故云而罪莫大於
不孝也凡爲人子當須遵承聖教以孝事親以忠事君君命
宜奉而行之敢要之是無心遵於上也聖人垂範當須法則
今乃非之是無心法於聖人也孝者百行之本事親爲先今
乃非之是無心愛其親也卉木無識尚感君政禽獸無禮尚
知戀親況在人靈而敢要君不孝也逆亂之道此爲大焉故
曰此大亂之道也。注五刑至不孝 正義曰云五刑謂墨
劓剕宮大辟也者此依魏註也此五刑之名皆尚書呂刑文
孔安國云割其顙而涅之曰墨刑顙額也謂刻額爲瘡以墨
塞瘡孔令變色也墨一名黥又云截鼻曰劓刖足曰剕釋言
云剕刖也李巡曰斷足曰刖是也又云宮淫刑也男子割勢
婦人幽閉次死之刑以男子之陰名爲勢割去其勢與椓去
其陰事亦同也婦人幽閉閉於宮使不得出也又云大辟死
刑也案此五刑之名見於經傳唐虞以來皆有之矣未知上
古起自何時漢文帝始除肉刑除墨劓剕耳宮刑猶在隋開
皇之初始除男子宮刑婦人猶閉於宮此五刑之名義鄭註
周禮司刑引書傳曰決關梁踰城郭而略盜者其刑臏男女
不以義交者其刑宮觸易君命革輿服制度姦軌盜攘傷人

者其刑劓非事而事之出入不以道義而誦不詳之辭者其刑墨降畔寇賊劫略奪攘矯虔者其刑死案說文云臏膝骨也刖臏謂斷其膝骨此註不言臏而云刖者據呂刑之文也云條有三千而罪之大者莫過不孝者案周禮司刑掌五刑之法以麗萬民之罪墨罪五百劓罪五百宮罪五百刖罪五百殺罪五百合二千五百至周穆王乃命呂侯入為司寇令其訓暢夏禹贖刑增輕削重依夏之法條有三千則周三千之條首自穆王始也呂刑云墨罰之屬千劓罰之屬千刖罰之屬五百宮罰之屬三百大辟之罰其屬二百五刑之屬三千言此三千條中罪之大者莫有過於不孝也案舊註說及謝安袁宏王獻之殷仲文等皆以不孝之罪聖人惡之云在三千條外此失經之意也案上章云三者不除雖日用三牲之養猶為不孝此承上不孝之後而云三千之罪莫大於不孝是因其事而便言之本無在外之意案檀弓云子弒父凡在官者殺無赦殺其人壞其室洿其宮而豬焉既云學斷斯獄則明有條可斷也何者易序卦稱有天地然後萬物生焉自屯蒙至需訟即爭訟之始也故聖人法雷電以申威刑所興其來遠矣唐虞以上書傳靡詳舜命皐陶有五刑五刑斯著案風俗通曰皐陶謨是虞時造也及周穆王訓夏里悝師魏乃著法經六篇而以盜賊為首賊之大者有惡逆焉決斷

不違時凡赦不免又有不孝之罪並編十惡之條前世不忘後世爲式而安宏不孝之罪不列三千之條中今不取也。註君者至無上也　正義曰此依孔傳也案晉語云諸大夫迎悼公公曰孤始願不及此孤之及此天也抑人之有元君將稟命焉明凡爲臣下者皆稟君教命而敢要以從己是有無上之心故非孝子之行也若臧武仲以防求爲後於魯晉舅犯及河授璧請亡之類是也。註聖人至法也　正義曰此依孔傳也聖人規模天下法則兆民敢有非毀之者是無聖人之法也。註善事至親也　正義曰孝爲百行之本敢有非毀之者是無親愛之心也。註言人至之道　正義曰言人不忠於君不法於聖不愛於親此皆爲不孝乃是罪惡之極故經以大亂結之也

廣要道章第十二

疏正義曰前章明不孝之惡罪之大者及要君非聖人此乃禮教不容廣宣要道以教化之則能變而爲善也首章略云至德要道之事而未詳悉所以於此申而演之皆云廣也故以右章次五刑之後要道先於至德者謂以要道施化化行而後偏彰亦明道德相成所以互爲先後也

子曰教民親愛莫善於孝教民禮順莫善於悌言教人親愛禮順無加於孝悌也移風易俗莫善於樂風俗移易先入樂聲變隨人心正由君德正之與變因樂而彰故曰莫善於樂安上治民莫善於禮禮所以正君臣父子之別明男女長幼之序故可以安上化下也

疏子曰至於禮　正義曰此夫子述廣要之義言君欲教民親於君而愛之者莫善於身自行孝也君能行孝則民效之皆親愛其君欲教民禮於長而順之者莫善於身自行悌也人君行悌則人效之皆以禮順從其長也欲移易風俗之弊敗者莫善於聽樂而正之欲身安於上民治於下者莫善於行禮以帥之○註言教至悌也　正義曰言欲民親愛於君禮順於長者莫善君身自行孝悌之善也○註風俗至於樂　正義曰云風俗移易先入樂聲者子夏詩序云風風也教也風以動之教以化之韋昭曰人之性繫於大人大人風聲故謂之風隨其趣舍之情欲故謂之俗詩序又曰至于王道衰禮義廢政教失國異政家殊俗而變風變雅作矣是入樂聲之義也云變隨人心正由君德者詩序又曰國史明乎得失之迹傷人倫之廢哀刑政之苛吟詠情性

以風其上故變風發乎情止乎禮義發乎情民之性也止乎禮義先王之澤也以斯言之則知樂者本於情性聲者因乎政教政教失則人情壞人情壞則樂聲移是變隨人心也國史明之遂吟以風上也受其風上而行其失乃行禮義以正之教化以美之上政既和人情自治是正由君德也云正之與變因樂而彰故曰莫善於樂者詩序又曰治世之音安以樂其政和亂世之音怨以怒其政乖亡國之音哀以思其民困又尚書益稷篇舜曰予欲聞六律五聲八音在治忽孔安國云在察天下理治及忽怠者皆是因樂而彰也案禮記云大樂與天地同和則自生人以來皆有樂性也出本曰伏羲造琴瑟則其樂器漸於伏羲也史籍皆言黃帝樂曰雲門顓頊曰六英帝嚳曰五莖堯曰咸池舜曰大韶禹曰大夏湯曰大濩武曰大光於樂之聲節起自黃帝也

註禮所至下也

正義曰云禮所以正君臣父子之別明男女長幼之序者此依魏註也禮云非禮無以辨君臣上下長幼之位非禮無以辨男女父子兄弟之親是也云故可以安上化下也者釋安上治民也制言曰禮殊事而合敬樂異人而同愛敬愛之極是謂要道神而明之是謂至德故必由斯人以弘斯教而後禮樂興焉政令行焉以盛德之訓傳於樂聲則感人深而風俗移易以盛德之化措諸禮容則悅者衆而名教著明蘊乎

其樂章乎其禮故相待而成矣然則韶樂存於齊而民不爲之易周禮備於魯而君不獲其安亦政教失其極耳夫豈禮樂之咎乎

禮者敬而已矣 敬者禮之本也

故敬其父則子悅敬其兄則弟悅敬其君則臣悅敬一人而千萬人悅 居上敬下盡得懽心故曰悅也

所敬者寡而悅者衆此之謂要道也

疏 禮者至道也 正義曰此承上莫善於禮也言禮者敬而已矣謂禮主於敬也入明敬功至廣是要道也其要正以謂天子敬人之父則其子皆悅敬人之兄則其弟皆悅敬人之君則其臣皆悅此皆敬父兄及君一人則其子弟及臣千萬人皆悅故其所敬者寡而悅者衆即前章所言先王有至德要道者皆此義之謂也 註敬者禮之本也 正義曰此依鄭註也案曲禮曰毋不敬是也 註居上至悅也 正義曰云居上敬下者案尚書五子之歌云爲人上者奈何不敬謂居上位須敬其下云盡得懽心故曰悅也者言得懽心則無所不悅也案孝治章云故得萬國百姓及人之懽心是也舊註云一人謂父兄君千萬人謂子弟臣也者此依孔傳也一人指受敬之人

則知謂父兄君也千萬人指其喜悅者則知謂子弟臣也父子弟及臣名何啻千萬言千萬人者舉其大數也

孝經註疏卷第六

孝經註疏卷第七

廣至德章第十三　邢昺註疏

（疏）正義曰首章標至德之目此章明廣至德之義故以名章次廣要道之後

子曰君子之教以孝也非家至而日見之也言教不必家到戶至日見而語之但行孝於內其化自流於外教以孝所以敬天下之為人父者也教以悌所以敬天下之為人兄者也舉孝悌以為教則天下之為人子弟者無不敬其父兄也教以臣所以敬天下之為人君者也舉臣道以為教則天下之為人臣者無不敬其君也（疏）子曰至君者也　正義曰此夫子述廣至德之義言聖人君子教人行孝事其親者非家家悉至而日見之但教之以孝則天下之為人父者皆得其子之敬也教之以悌則天下之為人兄者皆得其弟之敬也教之以臣則天下之為君者皆

得其臣之敬○註言教至於外　正義曰此依鄭註也祭義所謂孝悌發諸朝廷行乎道路至乎閭巷是流於外○註舉孝至父兄也　正義曰云舉孝悌以爲教者此依王註也案禮記祭義曰祀乎明堂所以教諸侯之孝也食三老五更於太學所以教諸侯之弟也此即謂發諸朝廷至乎州里是也云則天下之爲人子弟者無不敬其父兄也者言皆敬也案舊註用應劭漢官儀云天子無父父事三老兄事五更乃以事父事兄爲教孝悌之禮案禮教敬自有明文假令天子事三老蓋同庶人倍年以長之敬本非教孝子之事今所不取也○註舉臣至君也　正義曰此依王註也案祭義云朝覲所以教諸侯之臣也者諸侯列國之君也若朝覲於王則身行臣禮言聖人制此朝覲之法本以教諸侯之爲臣也則諸侯之卿大夫亦各放象其君而行事君之禮也劉炫以爲將教爲臣之道固須天子身行者案禮運曰故先王患禮之不達於下也故祭帝於郊謂郊祭之禮冊祝稱臣是亦以見天子以身率下之義也

詩云愷悌君子民之父母愷樂也悌易也義取君以樂易之道化人則爲天下蒼生之父母也**非至德其孰能順民如此其大者乎**

（疏）詩云至者乎　正義曰夫子

既述至德之教已畢乃引大雅泂酌之詩以贊美之愷樂也悌易也言樂易之君子能順民心而行教化乃爲民之父母若非至德之君其誰能順民心如此其廣大者乎孰誰也案禮記表記稱子言之君子所謂仁者其難乎詩云凱悌君子民之父母凱以強教之弟以說安之使民有父之尊有母之親如此而后可以爲民父母矣非至德其孰能如此乎此章於孰能下加順民如此下加其大者與表記爲異其大意不殊而皇侃以爲并結要道至德兩章或失經旨也劉炫以爲詩美民之父母證君之行教未證至德之大故於詩下別起歎辭所以異於餘章頗近之矣○註愷樂至母也○正義曰愷樂悌易釋詁文云義取君以樂易之道化人則爲天下蒼生之父母也者亦言引詩大意如此蒼生尚書文謂天下黔首蒼蒼然衆多之貌也孔安國以爲蒼蒼然生草木之處今不取也

廣揚名章第十四

（疏）正義曰首章略言揚名之義而未審而於此廣之故以名章次至德之後

子曰君子之事親孝故忠可移於君以孝事君則忠事

兄悌故順可移於長以敬事長則順居家理故治可移

於官君子所居則化故可移於官也是以行成於内而名立於

後世矣脩上三德於内名自傳於後代疏子曰至世矣　正義曰此夫子廣述揚名之義言君子之

事親能孝者故資孝爲忠可移孝行以事君也事兄能悌者

故資悌爲順可移悌行以事長也居家能理者故資治爲政

可移於績以施於官也是以君子居能以此善行成之於内

則令名立於身沒之後也先儒以爲居家理下闕一故字御

註加之。註以孝事君則忠　正義曰此一章之文義已見

於上。註以敬事長則順　正義曰此依鄭註也亦上章之

敬悌義同已具上釋然人之行敬則有輕有重敬父敬君則

重也敬兄敬長則輕也。註君子至官也　正義曰此依鄭

註也論語云君子不器言無所不施。註脩上至後代　正

義曰此依鄭註也三德則上章云移孝以事於君移悌以事

於長移理以施於官也言此三德不失則其令名常自傳於

後世經云立而註爲傳者立謂常有之名傳謂不絕之稱但

能不絕即是常有之

行故以傳釋立也

諫諍章第十五

（疏）正義曰此章言爲臣子之道若遇君父有失皆諫爭也曾子問聞揚名已上之義而問子從父之令夫子以令有善惡不可盡從乃爲述諫爭之事故以名章次揚名之後

曾子曰若夫慈愛恭敬安親揚名則聞命矣敢問子從父之令可謂孝乎事父有隱無犯又敬不違故疑而問之

（疏）曾子至孝乎　正義曰前章以來唯論愛敬及安親之事未說規諫之道故又假曾子之問曰若夫慈愛恭敬安親揚名則已聞命矣敢問子從父之教令亦可謂之孝乎疑而問之故稱乎也尋上所陳唯言敬愛未及慈恭而曾子并言慈恭已聞命矣者皇侃以爲上陳愛敬則包於慈恭矣慈者孜孜愛者念惜恭者貌多心少敬者心多貌少如侃之說則慈恭愛敬之別何故云包慈恭也或曰慈者接下之別名愛者奉上之通稱劉炫引禮記內則說子事父母慈以旨甘喪服四制云高宗慈良於喪莊子曰事親則孝慈此並施於事上夫愛出於內慈爲愛體敬生於心恭爲敬貌此經悉

陳事親之迹寧有接下之文夫子據心而為言所以唯稱愛敬曾參躰貌而兼取所以并舉慈恭如劉炫此言則知慈是愛親也恭是敬親也安親則上章云故生則親安之揚名即上章云揚名於後世矣經稱夫有六焉蓋發言之端也一曰夫孝始於事親二曰夫孝德之本三曰夫孝人之經四曰夫然故生則親安之五曰夫聖人之德此章云若夫慈愛並却明前理而下有其趣故言夫以起之劉瓛曰夫猶凡也○註事父至問之　正義曰禮記檀弓云事親有隱而無犯以經云從父之令故註變親為父案論語云事父母幾諫見志不從又敬不違引此二文以成疑識證曾子有可問之端也

子曰是何言與是何言與有非而從成父之不義理所不可故再言之昔者天子有爭臣七人雖無道不失其天下諸侯有爭臣五人雖無道不失其國大夫有爭臣三人雖無道不失其家降殺以兩尊卑之差爭謂諫也言雖無道為有爭臣則終不至失天下亡家國也士有爭友則身不離於令名

令善也益者三友言受忠告故不失其善名父有爭子則身不陷於不義父失則諫故免陷於不義故當不義則子不可以不爭於父臣不可以不爭於君不爭則非忠孝故當不義則爭之從父之令又焉得為孝乎

疏 子曰至孝乎 正義曰夫子以曾參所問於理乖僻陳諫爭之義因乃請而荅之曰汝之此問是何言與再言之者明其深不可也既請之後乃為曾子說必須諫爭之事言臣之諫君子之諫父自古攸然故言昔者天子治天下有諫爭之臣七人雖復無道昧於政教不至失於天下言無道者謂無道德諸侯有諫爭之臣五人雖無道亦不失其國也大夫有諫爭之臣三人雖無道亦不失於其家士有諫爭之友則其身不離遠於善名也父有諫爭之子則身不陷於不義故君父有不義之事凡為臣子者不可以不諫爭以此之故當不義則須諫之又結此以荅曾子曰今若每事從父之令又焉得為孝乎言不得也案曾子唯問從父之令不指當時而言昔者皇侃云夫子述孝經之時當周亂衰之代無此諫爭之臣故言昔者也不言先王而言天

子者諸稱先王皆指聖德之主此言無道所以不稱先王也
○註有非至不義　正義曰言父有非子從而行不諫是成
父之不義云理所不可故再言之者義見於上○註降殺至
國也　正義曰左傳云自上以下降殺以兩禮也謂天子尊
故有七人諸侯卑於天子降兩故有五人大夫卑於諸侯降兩
故有三人論語云信而後諫左傳云伏死而爭出蓋謂極諫
爲爭也若隨無道人各有心鬼神之主季梁猶在楚不敢伐
是有爭臣不亡其國舉中而率則大夫天子從可知也不言
國家嫌如獨指一國也國則諸侯也家則大夫也註貴省文
故曰家國也案孔鄭二註及先儒所傳並引禮記文王世子
以解七人之義案文王世子記曰虞夏商周有師保有疑丞
設四輔及三公不必備惟其人又尚書大傳曰古者天子必
有四鄰前曰疑後曰丞左曰輔右曰弼天子有問無對責之
疑可志而不志責之丞可正而不正責之輔可揚而不揚責
之弼其爵視卿其禄視次國之君大傳四鄰則見之四輔兼
三公以充七人之數諸侯五者孔傳指天子所命之孤及三
卿與上大夫王肅指三卿內史外史以充五人之數大夫三
者孔傳指家相室老側室以充三人之數王肅無側室而謂
邑宰斯並以意解說恐非經義劉炫云案下文云子不可以
不爭於父臣不可以不爭於君則爲子爲臣皆當諫爭豈得

大臣當爭小臣不爭乎豈獨長子當爭其父衆子不爭者乎若父有十子皆得諫爭王之百辟惟許七人是天子之佐乃少於四夫也又案洛誥云成王謂周公曰誕保文武受民亂爲四輔冏命穆王命伯冏惟予一人無良實賴左右前後有位之士匡其不及據此而言則左右前後四輔之謂也疑丞輔弼當指於諸臣非是別立官也謹案周禮不列疑丞周官歷敘羣司頋命揔名卿士左傳云龍師鳥紀曲禮云五官六大無言疑丞輔弼專掌諫爭者若使爵視於卿祿比次國周禮何以不載經傳何以無文且伏生大傳以四輔解爲四鄰孔註尚書以四鄰爲前後左右之臣而不爲疑丞輔弼安得又采其說也左傳稱周主申父之爲太史也命百官官箴王闕師曠說匡諫之事史爲書瞽爲詩工誦箴諫大夫規誨士傳言官師相規工執藝事以諫此則足在人臣皆合諫也夫子言天子有天下之廣七人則足以見諫爭功之大故舉少以言之也然父有爭子士有爭友雖無定數要一人爲率自下而上稍增二人則從上而下當如禮之降殺故舉七五三人也劉炫之譏義雖合通途何者傳載忠言比於藥石逆耳苦口隨要而施若指不備之負以實無道之主欲求不失其可得乎先儒所論今不取也○註令善至善名 正義曰令善也釋詁文云益者三友論語文即友直友諒友多聞益矣是

也云言受忠告故不失其善名者論語云子貢問友子曰忠告而善道之言善名爲受忠告而後成也大夫以上皆云不失士獨云不離不離即不失也。註父失至不義　正義曰此依鄭註也案内則云父母有過下氣怡色柔聲以諫諫若不入起敬起孝説則復諫曲禮曰子之事親也三諫而不聽則號泣而隨之言父有非故須諫之以正道庶免陷於不義也

孝經註疏卷第七

孝經註疏卷第八

邢昺註疏

感應章第十六

疏 正義曰此章言天地明察神明彰矣又云孝悌之事通於神明皆是應感之事也前章論諫諍之事言人主若從諫爭之善必能脩身愼行致應感之福故以名章次於諫爭之後

子曰昔者明王事父孝故事天明事母孝故事地察 王者父事天母事地言能敬事宗廟則事天地能明察也 長幼順故上下治 君能尊諸父先諸兄則長幼之道順君人之化理 天地明察神明彰矣 事天地能明察則神感至誠而降福佑故曰彰也

疏 子曰昔者明王至神明彰矣 正義曰此章夫子述明王以孝事父母能致感應之事言昔者明聖之王事父能孝故事天能明言能明天之道故易說卦云乾爲天爲父此言事父孝故能事天明是事父之孝通天地事母能孝故事地能察言能察地之理故說卦云坤爲地爲母此言事母孝故事地

大五千四

亂太祖諱從亂

察則是事母之道通於地也明王又於宗族長幼之中皆順於禮則凡在上下之人皆自化也又明王之事天地既能明察必致福應則神明之功彰見謂陰陽和風雨時人無疾癘天下安寧也經稱明王者二焉一曰昔者明王之以孝治天下也二即此章言昔者明王事父孝俱是聖明之義與先王爲一也言先王示及遠也言明王示聰明也○註王者至察也　正義曰云王者父事天母事地者此依王註義也案白虎通云王者父天母地也此言事者謂移事父母之孝以事天地也云言能敬事宗廟則事天地能明察也者謂蒸嘗以時疏數合禮是敬事宗廟也既能敬宗廟則不違犯天地之時若祭義曾子曰樹木以時伐焉禽獸以時殺焉夫子曰斷一樹殺一獸不以其時非孝也又王制曰獺祭魚然後虞人入澤梁豺祭獸然後田獵鳩化爲鷹然後設尉羅草木零落然後入山林昆蟲未蟄不以火田此則令無大小皆順天地是事天地能明察也○註君能至化理　正義曰此言明王能順長幼之道則臣下化之而自理也謂放效於君書曰違上所命從厥攸好是效之也○註事天至彰也　正義曰誠和也言事天地若能明察則神祇感其至和不降福應以祐助之是神明之功彰見也書云至誠感神又瑞應圖曰聖人能順天地則天降膏露地出醴泉詩云降福穰穰易曰自天祐

之吉無不利註約諸文以釋之也案此則神感至誠當爲至誠今定本作至誠字之誤也 故雖天子必有尊也言有父也必有先也言有兄也 父謂諸父兄謂諸兄皆祖考之胤也禮君燕族人與父兄齒也 宗廟致敬不忘親也 言能敬事宗廟則不敢忘其親也 脩身愼行恐辱先也 天子雖無上於天下猶脩持其身謹愼其行恐辱先祖而毀盛業也 宗廟致敬鬼神著矣 事宗廟能盡敬則祖考來格享於克誠故曰著也 孝悌之至通於神明光于四海無所不通 能敬宗廟順長幼以極孝悌之心則至性通於神明光于四海故曰無所不通 疏 故雖至不通 正義曰故者連上起下之辭以上文云事父孝又云事母孝又云長幼順所以於此述尊父先兄之義以及致敬與脩身之道兼言鬼神之著孝悌之至無所不通也言王者雖貴爲天子於天下宗族之中必有所尊之者謂天子有諸父也必有所先之者謂天子有諸兄也宗廟致敬是不忘其親脩身愼行是不辱於祖考故能致敬於宗廟則鬼神明著而

六十三

敬享之是明王有孝悌之至性感通神明則能光于四海無
所不通然諫爭兼有諸侯大夫此章唯稱王者言王能致應
感則諸侯已下亦當自勉勗也○註父謂至齒也　正義曰
云父謂諸父兄謂諸兄者父之昆弟曰伯父叔父已之昆
兄其屬非一故言諸也詩曰以速諸父又曰復我諸兄是也
云皆祖考之胤也者案曲禮曰父死曰考言父以上通謂之
祖考胤嗣也謂其廟未毀其胤皆是王者之族親也云禮君
讌族人與父兄齒也者此依孔傳也案詩序角弓父兄刺幽
王並謂君之諸父諸兄也古者天子祭畢同姓則留之謂與
族人讌故其詩曰諸父兄弟備言讌私鄭箋云祭畢歸賓客
之俎同姓則留與之讌是天子讌族人也又禮記文王世子
云若公與族讌則異姓爲賓膳宰爲主人公與父兄齒則知
讌族人亦以尊卑爲列齒於父兄之下也○註言能至親也
正義曰案禮記文王世子稱五廟之孫祖廟未毀雖爲庶人
冠取妻必告死必赴是不忘親也禮記大傳稱其不可得變
革者則有矣親親也尊尊也長長也親親故尊祖尊祖故敬
宗敬宗故收族收族故宗廟嚴言君致敬宗廟則不敢忘其
親也○註天子至業也　正義曰云天子雖無上於天下者
此依王註也禮坊記云天無二日上無二王家無二主尊無
二上謂普天之下天子至尊也云猶脩持其身謹慎其行恐

辱先祖而毀盛業也者案禮記祭義云父母既没慎行不辱
先也盛業謂先祖積德累功而有天下之業上言必有先也
先兄也此言忍辱先也是先祖也。註事宗至著也　正義
曰云祖考來格者尚書益稷文格至也言事宗廟能恭敬則
祖考之神來格詩曰神保是格報以景福亦是言神之至云
享於克誠故曰著也者享於克誠尚書太甲篇文孔傳云言
鬼神不保一人能誠信者則享其祀則祖考來格享於克誠
皆昭著之義上言宗廟致敬謂天子尊諸父先諸兄致敬祖
考不敢忘其親也此言宗廟致敬述天子致敬宗廟能感鬼
神雖同稱致敬而各有所屬也舊註以爲事生者易事死者
難聖人慎之故重其文今不取也上言神明謂天地之神也
此言鬼神謂祖考之神易曰陰陽不測之謂神先儒釋云若
就三才相對則天曰神地曰祇人曰鬼言天道玄遠難可測
故曰神也祇者知也言地去人近長育可知故曰祇也鬼者
歸也言人生於無還歸於無故曰鬼也亦謂之神案五帝德
云黄帝死而民畏其神百年是也上言神明尊天地也此言
鬼神尊祖考也。註能敬至不通　正義曰能敬宗廟順長
幼以極孝悌之心者敬宗廟爲孝順長幼爲悌此極孝悌之
心也云則至性通於神明光於四海故
曰至性如此則通於神明光於四海 詩云自西自東

臣太祖謹孝事

自南自北無思不服義取德教流行莫不服義從化也【疏】詩云至不服○正義曰夫子述孝悌之事應感之美既畢乃引大雅文王有聲之詩以贊美之自從也言從近及遠至於四方皆感德化無有思而不服之者以明無所不通詩本文云鎬京辟廱自西自東自南自北無思不服此則廱東北服對句爲韻而皇侃云先言西者此是周詩謂化從西起所以文王爲西伯又爲西鄰自西而東滅紂恐非其義也○註義取至化也○正義曰此依鄭註也德化流行則無不通服義從化即無思不服言服明王之義從明王之化也

事君章第十七

【疏】正義曰此章首言君子之事上又言進思盡忠退思補過皆是事君之道孔子曰天下有道則見無道則隱前章言明王之德應感之美天下從化無思不服此孝子升朝事君之時也故以名章次應感之後

子曰孝子之事上也上謂君也**進思盡忠**進見於君則思盡忠【節】**退思補過**君有過失則思補益**將順其美**將行也君有美善則順而行之

臣救其悪臣正也救止也君有過惡則正而止之故上下能相親也

下以忠事上上以義接下君臣同德故能相親（疏）子曰至親也○正義曰此明賢人君子之事君也言入朝進見與謀慮國事則思盡其忠節若退朝而歸常念己之職事則思補君之過失其於政化則當順行君之美道止正君之過惡如此則能君臣上下情志通協能相親也經稱君子有七焉一曰君子不貴二曰君子則不然三曰淑人君子四曰君子之教以孝五曰愷悌君子已上皆斷章指於聖人君子謂居君位而子下人也六曰君子之事親孝故此章君子之事上則皆指於賢人君子也○註上謂君也○正義曰此對論語云孝悌而好犯上者鮮矣彼上謂凡在已上者此上惟指君故云上謂君也○註進見至忠節○正義曰此依韋註也說文云忠敬也盡心曰忠字詁曰忠直也論語曰臣事君以忠則忠者善事君之名也節操也言事君者敬其職事直其操行盡其忠誠也言臣常思盡其節操能致身授命也○註君有至補益○正義曰案舊註韋昭云退歸私室則思補其身過以禮記少儀曰朝廷曰退燕遊曰歸左傳引詩曰退食自公杜預註臣自公門而退入私門無不順禮室猶家也謂退朝理公事畢而還家之時則當思慮以補身之過故國語

曰士朝而受業晝而講貫夕而習復夜而計過無憾而後即安言若有憾則不能安是思自補也案左傳晉荀林父爲楚所敗歸請死於晉侯晉侯許之士渥濁諫曰林父之事君也進思盡忠退思補過晉侯赦之使復其位是其義也文意正與此同故注依此傳文而釋之今云君有過則思補益出制命也義取詩大雅烝民云袞職有闕惟仲山甫補之毛傳云有袞冕者君之上服也仲山甫補之善補過也鄭箋云袞職者不敢斥王言也王之職有缺輒能補之者仲山甫也此理爲勝故易舊也。注將行至行之。正義曰此依王注也案孔注尚書太誓云肅將天威爲敬行天罰是將訓爲行也言君施政教有美則當順而行之。注匡正也救上也。正義曰此依王注也匡正釋詁文也馬融注論語云救猶止也云君有過惡則止而止之者尚書云予違汝弼汝無面從是也。注下以至相親。正義曰此依魏注也書曰居上克明爲下克忠是其義也左傳曰君義臣行如此則能相親也

詩云心乎愛矣遐不謂矣中心藏之何日忘之

遐遠也義取臣心愛君雖離左右不謂爲遠愛君之志恒藏心中無日暫忘也

疏 詩云至忘之。正義曰夫子述事君之道既已乃引小雅隰桑之詩以結之言忠臣事君

雖復有時離遠不在君之左右然其心之愛君不謂爲遠中心常藏事君之道何日暫忘之○註遐遠至忘也 正義曰云遐遠也義取臣心愛君雖離左右不謂爲遠者遐遠也釋詁文此釋心乎愛矣遐不謂矣云愛君之志恒藏心中無日暫忘也者釋中心藏之何日忘之案檀弓說事君之禮云左右就養有方此則臣之事君有常在左右之義也若周公出征管叔蔡叔召公聽訟於甘棠是離左右也

孝經註疏卷第八

卅一百五十六

孝經註疏卷第九

喪親章第十八

疏 正義曰此章首云孝子之喪親也故章中皆論喪親之事喪亡也失也父母之亡没謂之喪親言孝子亡失其親也故以名章結之於末矣

子曰孝子之喪親也生事已畢死事未見故發此事哭不偯氣竭而息聲不委曲禮無容觸地無容言不文不爲文飾服美不安不安美飾故服縗麻聞樂不樂悲哀在心故不樂也食旨不甘旨美也不甘美味故疏食水飲此哀戚之情也謂上六句三日而食教民無以死傷生毀不滅性此聖人之政也不食三日哀毀過情滅性而死皆虧孝道故聖人制禮施教不令至於殞滅喪不過三年示民有終也三年之喪天下

偯 倚

達禮使不肖企及賢者俯從夫孝子有終身之憂聖人以三年爲制者使人知有終竟之限也【疏】子曰至終也

正義曰此夫子述喪親之義言孝子之喪親哭以氣竭而止不有餘偯之聲舉措進退之禮無趨翔之容有事應言則言不爲文飾服美不以爲安聞樂不以爲樂假食美味不以爲甘此上六事皆哀慼之情也三日而食者聖人設教無以親死多日不食傷及生人雖即毀瘠不令至於殞滅性命此聖人所制喪禮之政也又服喪不過三年示民有終畢之終也。注生事至此事　正義曰此依鄭注也生事謂上十七章說生事之禮已畢其死事經則未見故又發此章以言也。注氣竭至委曲　正義曰此依鄭注也禮記間傳曰斬衰之哭若往而不反齊衰之哭若往而反此注據斬衰而言之是氣竭而後止息又曰大功之哭三曲而偯鄭注云三曲一舉聲而三折也偯聲餘從容也是偯爲聲餘委曲也斬衰則不偯故云聲不委曲也。注觸地無容　正義曰此禮記問喪之文也以其悲哀在心故形變於外所以稽顙觸地無容哀之至也。注不爲文飾　正義曰案喪服四制云三年之喪君不言又云不言而事行者扶而起言而后事行者杖而起鄭玄云扶而起謂天子諸侯也杖而起謂大夫士也今此經云言不文則是謂臣下也雖則有言志在哀慼不爲文飾也

○注不安至縗麻　正義曰案論語孔子責宰我云食夫稻
衣夫錦於汝安乎美飾謂錦繡之類也故禮記問喪云身不
安美是也孝子喪親心如斬截爲其不安美飾故聖人制禮
令服縗麻當心麁布長六寸廣四寸麻爲要絰首絰俱以麻
爲之縗之言摧也絰之言實也孝子服之明其心實摧痛也
韋昭引書云成王既崩康王冕服即位既事畢反喪服據此
則天子諸侯但位定初喪是皆服美故宜不安也○注悲哀
至樂也　正義曰此依鄭注也言至痛中發悲哀在心雖聞
樂聲不爲樂也○注旨美至水飲　正義曰旨美經傳常訓
也嚴植之曰美食人之所甘孝子不以爲甘故問喪云口不
甘味是不甘美味也間傳曰父母之喪既殯食粥既虞卒哭
蔬食水飲不食菜果是蔬食水飲也韋昭引曲禮云有疾則
飲酒食肉是爲食旨故宜不甘也○注不食至殯滅　正義
曰經云三日而食毀不滅性注言不食三日即三日不食也
云哀毀過情者是毀瘠過度也言三日不食及毀瘠過度因
此二者有致危亡皆虧孝行之道禮記問喪云親始死傷腎
乾肝焦肺水漿不入口三日又間傳稱斬衰三日不食此云
三日而食者何劉炫言三日之後乃食皆謂滿三日則食也
云故聖人制禮施教不令至於殞滅者曲禮云居喪之禮毀
瘠不形又曰不勝喪乃比於不慈不孝是也○注三年至限

也正義曰云三年之喪天下達禮者此依鄭注也禮記三年問云夫三年之喪天下之達喪也鄭玄云達謂自天子至於庶人注與彼同唯改喪爲禮耳云使不肖企及賢者俯從者案喪服四制曰此喪之所以三年賢者不得過不肖者不得不及檀弓曰先王制禮也過之者俯而就之不至焉者跂而及之也注引彼二文欲舉中爲節也起踵曰企俛首曰俯云夫孝子有終身之憂聖人以三年爲制者聖人雖以三年爲文其實二十五月而畢故三年問云將由夫脩飾之君子與則三年之喪二十五月而畢若駟之過隙然而遂之則是無窮也故先王焉爲之立中制節壹使足以成文理則釋之矣是也喪服四制曰始死三日不怠三月不解期悲哀三年憂恩之殺也故孔子云子生三年然後免於父母之懷夫三年之喪天下之達喪也所以喪必三年爲制也

爲之棺槨衣衾而舉之周尸爲棺周棺爲槨衣謂斂衣衾被也舉謂舉屍內於棺也**陳其簠簋而哀慼之**簠簋祭器也陳奠素器而不見親故哀慼也**擗踊哭泣哀以送之**男踊女擗祖載送之**卜其宅兆而安措之**宅墓穴也兆塋域也葬事大故卜之**爲之宗廟**

以鬼享之立廟祔祖之後則以鬼禮享之春秋祭祀以時思之
寒暑變移益用增感以時祭祀展其孝思也【疏】為之至思之　正義曰此言送終之禮及三年之後宗廟祭祀
之事也言孝子送終須為棺槨衣衾也大斂之時則用衾而
舉尸內於棺中也陳設簠簋之奠而加哀慼葬則男踊女擗
哭泣哀號以送之親既長依丘壟故卜選宅兆之地而安置
之既葬之後則為宗廟以鬼神之禮享之三年之後感念於
親春秋祭祀以時思之也○注周尸至棺也　正義曰云周
尸為棺周棺為槨者此依鄭注也檀弓稱葬也者藏也藏也
者欲人之弗得見也是故衣足以飾身棺周於衣槨周於棺
土周於槨注約彼文故言周尸為棺周棺為槨也白虎通云
棺之言完宜完密也槨之言廓謂開廓不使土侵棺也易繫
辭曰古之葬者厚衣之以薪葬之中野不封不樹喪期無數
後世聖人易之以棺槨案禮記云有虞氏瓦棺夏后氏堲周
殷人棺槨周人牆置翣則虞夏之時棺槨之初也云衣謂斂
衣衾被也舉謂舉屍內於棺也者此依孔傳也衣謂襲與大
小斂之衣也衾謂單被覆尸薦尸所用從初死至大斂凡三
度加衣也一是襲也謂沐尸竟著衣也天子十二稱公九稱
諸侯七稱大夫五稱士三稱襲皆有袍袍之上又有衣一通

朝祭之服謂之一稱二是小斂之衣也天子至士皆十九稱不復用袍衣皆有絮也三是大斂也天子百二十稱公九十稱諸侯七十稱大夫五十稱士三十稱衣皆褌袷也喪大記云布紟二衾君大夫士一也鄭玄云二衾者或覆之或薦之是舉殯所用也棺槨之數貴賤不同皇侃據檀弓以天子之棺四重謂水兕革棺杝棺一梓棺二最在内者水牛皮次外兕牛皮各厚三寸爲一重合厚六寸又有杝棺厚四寸謂之椑棺言漆之椑椑然前三物爲二重合一尺外又有梓棺厚六寸謂之屬棺言連屬内外就前四物爲三重合厚一尺六寸外又有梓棺厚八寸謂之大棺言其最大在衆棺之外就前五物爲四重合厚二尺四寸也上公去水牛皮則三重合厚二尺一寸也侯伯子男又去兕牛皮則二重合厚一尺八寸上大夫又去椑棺一重合厚一尺四寸下大夫亦一重但屬四寸大棺六寸合厚一尺士不重無屬唯大棺六寸庶人即棺四寸案檀弓云柏槨以端長六尺又喪大記曰君松槨大夫柏槨士雜木槨是也○注簠簋至感也　正義曰簠簋祭器也者周禮舍人職云凡祭祀供簠簋實之陳之是簠簋爲器也故鄭玄云方曰簠圓曰簋盛黍稷稻粱器云陳奠素器而不見親故哀感也者下檀弓云奠以素器以生者有哀素之心也又案陳簠簋在衣衾之下哀以送之上舊説以爲

大斂祭是不見親故哀感也○注男踊至送之 正義曰案
問喪云在牀曰尸在棺曰柩動尸舉柩哭踊無數惻怛之心
痛疾之意悲哀志懣氣盛故袒而踊之婦人不宜袒故發胷
擊心爵踊殷殷田田如壞牆然則是女質不宜極踊故以擗
言之據此文既有踊則男亦有擗是互文也云祖載送之者
案既夕禮柩車遷祖質明設遷祖奠日側徹之乃載鄭注云
乃舉柩卻下而載之又云商祝飾柩及陳器訖乃祖注云還
柩鄉外爲行始又檀弓云曾子弔於負夏主人既祖鄭云祖
謂移柩車去載處爲行始然則祖始也以生人將行而飲酒
曰祖故柩車既載而設奠謂之祖奠是祖載送之之義也○
注宅墓至卜之 正義曰云宅墓穴也兆塋域也者此依孔
傳也案士喪禮筮宅鄭云宅葬居也詩云臨其穴惴惴其慄
鄭云穴謂冢壙中也故云宅墓穴也案周禮冢人掌公墓之
地辨其兆域則兆是塋域也云葬事大故卜之者此依鄭注
也孔安國云恐其下有伏石涌水泉復爲市朝之地故卜之
是也○注立廟至享之 正義曰立廟者即禮記祭法天子
至士皆有宗廟云王立七廟曰考廟曰王考廟曰皇考廟曰
顯考廟曰祖考廟皆月祭之遠廟爲祧有二祧享嘗乃止諸
侯五廟曰考廟曰王考廟曰皇考廟皆月祭之顯考廟祖考
廟享嘗乃止大夫立三廟曰考廟曰王考廟曰皇考廟享嘗

乃止適士二廟曰考廟曰王考廟享嘗乃止官師一廟曰考廟庶人無廟斯則立宗廟者為能終於事親也舊解云宗尊也廟貌也言祭宗廟見先祖之尊貌也故祭義曰祭之日入室僾然必有見乎其位周還出戶肅然必有聞乎其歎息之聲是也祔祖謂以亡者之神祔之於祖也禮弓曰卒哭曰成事是日也以吉祭易喪祭明日祔祖父則是卒哭之明日而祔未卒哭之前皆喪祭也既祔之後則以鬼禮享之然宗廟謂士以上則春秋祭祀兼於庶人也○注寒暑至思也　正義曰案祭義云霜露既降君子履之必有悽愴之心非其寒之謂也春雨露既濡君子履之必有怵惕之心如將見之是之

生事愛敬死事哀慼生民之本盡矣死生之義備矣孝子之事親終矣愛敬哀慼孝行之始終也備陳死生之義以盡孝子之情

【疏】生事至終矣　正義曰此合結生死之義言親生則孝子事之盡於愛敬親死則孝子事之盡於哀慼生民之宗本盡矣死之義理備矣孝子之事親終矣言十八章具載有此義○注愛敬至之情　正義曰云愛敬哀慼孝行之終始也者愛敬是孝行之始也哀慼是孝行之終也云備陳死生之義以盡孝子之情者言孝子之情無所不盡也

終

書隱舊刻有日本藏北宋小字本天祿後目著錄有南宋相台岳氏本阮氏校勘記載有相台本并有南宋閩刊十行本小字本貴陽陳氏有影印相台本據郘亭知見傳本書目有桐鄉金氏翔知書屋及同治庚午揚州書局兩翻刻本此本每半頁十行行十七字小字單行二十三字即所謂閩刊本也

經大字居中注小字雙行正義則以疏字隔之是宋時舊式至明李元陽刻於閩中則半頁九行注亦單行居中惟較經字差小始改宋以來注疏舊式明南北監及汲古閣本因之清趙一清水經注亦效之遂終無復舊觀矣楊守敬謂閩刻十三經版毀久燬印本往往有存者遠勝於明代諸刻本阮文達曾

據以作校勘記其中惟爾雅係元時所刻可
莫友芝謂閩版間有明正德嘉靖補刻頁
惟孝經殘闕最多原頁幾無一二存者則
此宋刻初印彌可寶矣按此本有脩睦
堂王氏二印未見有著錄者